Vegetarian food

Vegetarian food

你家廚房素飄香！

天天吃好素料理 *138* 道

名師出菜譜，教你輕鬆出好菜，天天換著吃，變著吃！

宮廷素 求奇珍　　**寺院素** 講究全素　　**家常素** 用料廣泛

戚明春◎編著

作出當代時尚健康的料理

物以稀為貴，從有記載的歷史看，大部分人還是嚮往吃肉的。至於李笠翁言：吾謂飲食之道，膾不如肉，肉不如蔬……那只不過是史上富足、清雅的少數人的一種追求。

近一二十年以來尤其是近十年之內，隨著生活水準的普遍提高，健康飲食觀念的日漸深入，崇肉的風氣開始有了改變。為了迎合這種改變，在台北、北京、上海這些國際化的大都市乃至不那麼國際不那麼大的一般城市中，形形色色的素食館不僅從無到有從少至多，而且開始呈現雨後春筍之勢。

菜品是餐廳的靈魂。素食館要想興旺發達，必然離不開素菜支撐。但是，囿於學識和技術水準的局限，當今多數素食館的出品，無論是品種、口味還是裝盤造型，還尚未達標。更為嚴重的是，由於菜品不達標而影響了餐館的經營，甚至將原本很有生命力的素食餐館攪黃拖垮的現象，已經開始出現。大風起兮雲飛揚，安得猛士兮守四方？到哪裡去找到適合經營、適合消費、與當代時尚健康理念合拍的素菜？

本書的出現讓人眼前一亮。書中不僅集結了幾十款色香味形俱佳的時尚素食，而且圖文並茂，解說細緻，作法詳盡。無論是對正為尋找素菜著急的大廚小廚，還是對家庭美食愛好者，它都是一本解渴實用的好教材。

本書作者戚明春以刀工知名，他曾多次登臨中央電視台，榮獲「花刀師傅超人」等稱號。但大家也許不知道，他還先後擔任過徐州錢鏗領地餐飲管理有限公司經理、北京十號莊園（素食）餐飲有限公司行政總廚、北京茗道軒（素食）餐飲服務有限公司副總經理，是一位在素食領域既有師承又有創意的烹飪大師。他撰寫的有關素食的論文和創製的素食作品，曾多次在《中國烹飪》等專業媒體發表，《素食心經》實際上是他多年研究的一個成果總結。

烹飪學是和人的健康息息相關的一門科學。在這個走向普遍富足的時代，願本此書能為多數人的身心健康助力。

《中國烹飪》總編

求知若渴的烹調大師

記得有人說過，同樣也驗證了這樣一個普遍規律：一個人在某一領域做出驕人的成績，在另一方面做一個愚者才行。在徐州烹調界有這樣一位青年烹調師，他對菜品的感知、烹飪的領悟和創新意識可得九十八分（滿分一百），對烹飪的熱情近乎愚癡和癲狂，但在其他方面可以說是不及格的，唯其如此，才有亮眼的成績。

記得多年前，在家中或不同的場合，我常常看到一個青年廚師，俯身站在家父胡德榮跟前，請教一些烹調方面的知識、技法，細心聆聽記錄。後來，有很多種情況，神龍見首不見尾的。有時突然在電視上看到他，有時又突然操作起各種形式的烹飪活動，鞍前馬後，忙裡忙外……

前年，在徐州的雲龍山東坡有了一家淨素餐館——興化寺素食坊。心想：能在徐州這樣的三線城市敢於以淨素餐館業態出現的，那要有多大的勇氣啊！不光對投資者是一種考驗，同時要有極其到位的淨素菜品示人，那就不一般了。這需要很大的膽識，兩方面著實讓人佩服。待開業時，看到一位集行銷、管理、研發等於一身的青年烹調師忙碌的身影，做出了讓人耳目一新的「淨素菜肴」，在徐州刮起了一股「素食風」……

再後來，他根據多年的積累，突然又拿出了這樣一本令人叫絕的食譜來，著實吸引人的目光。這與他十幾年來在外闖蕩而形成的開放視角和轉益多師的積累是分不開的——他就是青年烹飪師戚明春。

烹飪屬文化範疇。在新的形勢下，需要烹調師們有更廣泛的視野、厚重的功夫和多方面的理論知識。烹調雖屬手工技藝，但如果在理論上有所造詣，定會在提高技術和創新上有很大的幫助。我從戚明春身上，看到了一個象影視演員王寶強一樣的草根青年烹調師的執著追求；看到了越來越多的烹調師對文化的渴求和吸收，意識到文化和傳承的重要性。希望戚明春在烹調的道路上越走越遠。欣慰之餘，是為序。

徐州彭祖烹飪文化研究會副祕書長　胡樹森

目錄 *Contents*

 素食點滴

 Part 1 **清鮮涼拌菜**

Part 2 美味熱菜

Part 3 營養羹・湯

Part 4 風味粥飯・麵點

素食點滴

中國的烹飪技術歷史悠久，經驗極其豐富，是寶貴文化遺產。素食就是烹飪技術上的一顆明珠。其獨具一格，可分為寺院素食、宮廷素食、民間素食三大類。寺院素食講究「全素」，禁用「五葷」調味，且大多禁用蛋類；供帝王享用的宮廷素食，追求用料的奇珍，考究的蒸調技法，外形的美觀述意；民間素食用料廣泛，美味而經濟，為人們普遍接受。

素食歷史 ────────────

　　素食在中國存在久遠，其起點已無從考證，人類起源時應是以素食為主，偶捕些動物而食之，根據《素食心經》，人類是由於敬畏鬼神和祭拜祖先，在祭祀活動中，才引出了齋戒素食的制度和習慣的。

　　相傳成湯滅夏桀於己卯日，武王滅商紂於甲子日，之後歷代為避免重蹈覆轍，逐於這些日子齋戒，修生養性，初一至十五茹素遂成為傳統。《禮記》中有：「逢子卯，稷食菜羹。」《周禮》中雲：「大喪，則不舉。」解「不舉」為「不殺牲食肉」。」另有道家為求成仙長生之術而茹素。《呂氏春秋》就有：肥肉厚酒，務以自強，名曰爛腸之食。《論衡。道虛篇》有：食精身輕，故能神仙。若士者食蛤蜊之肉，與庸民同食，無精輕之驗，安能縱體而上天？

　　西漢時淮南王劉安發明了豆腐，更是為素食發展的里程碑。可以說中國的素食形成於漢，發展於魏晉至唐代，至五代十國梁武帝終身奉行。即逢啟告宗宙、天地、社稷、農壇之大典，亦以面制象形祭品，代替太牢三牲血食，於今素菜館仿葷素食，始創於梁帝。梁武帝頒佈《斷酒肉文》使吃素成為佛教正統，而佛教的盛行又促進了素食的發展。

　　隋唐時素食發展至又一高度，佛教的興盛使素食形成了獨特風味體系。唐宋時期，茹素之風興盛。《夢粱錄》記：當時已有專賣素點心小食店，賣「豐糖糕、乳糕、栗糕、鏡面糕、重陽糕、棗糕、乳餅、麩筍絲、假肉饅頭、裹蒸饅頭、菠菜果子饅頭、七寶酸餡、薑糖、辣餡糖餡饅頭、活糖沙餡諸色春繭、仙桃龜兒、包子、點子、諸色油炸素夾兒、油酥餅兒、筍絲麩兒、果子、韻果、七寶包兒等點心。」陳達叟《本心齋蔬食譜》記當時他認為鮮美的、無人間煙火氣的素食二十品，每品都配有十六字贊。陳達叟稱，這二十品，不必求備，得四之一斯足矣。

　　林洪《山家清供》中，記有當時大量的素菜名饌。其中有「假煎肉」：「瓠子、麩薄批，各和以料煎。麩以油煎，瓠以脂乃熬，蔥油入酒共炒熟。」、「素蒸鴨」，鴨其實是葫蘆所代。「玉灌肺」是「真粉、油餅、芝麻、松子、胡桃、蒔蘿六者為末，拌和入甑蒸熟，切作肺樣塊，用棗汁供。」

　　自宋代起，素菜開始講究菜名，講究「色香味形。」《清異錄》中記：「居士李巖，

求道雪竇山（今浙江奉化西）中，畦蔬自供。有問巍曰：「日進何味？」答曰：「以練鶴一羹，醉貓三餅。」、「練鶴羹」是菜羹名，意思是常食此羹，可練得身似鶴形。「醉貓三餅」，指的是以蒔蘿、薄荷製成的餅，因舊稱貓吃薄荷就醉，所以叫「醉貓餅。」

　　清代素食發展成為寺院素食、宮廷素食和民間素食三大類。食材品種也更具多樣性，其代表有寺院中的名肴鼎湖上素（選料多達十八種）。口味和形狀也更具有神似，大明寺的筍炒鱔絲（香菇代替鱔絲更形象）。在此引用李漁《閒情偶寄》中輯飲饌一卷，後肉食而首蔬菜。李笠翁感歎道：「聲音之道，絲不如竹，竹不如肉，為其漸近自然。吾謂飲食之道，膾不如肉，肉不如蔬，亦以其漸近自然也。草衣木食，上古之風。人能疏遠肥膩，食蔬蕨而甘之，腹中菜園，不使羊來踏破，是猶作羲皇之民，鼓唐虞之腹，與崇尚古玩同一致也。所怪乎世者，棄美名不居而發異端，其說謂佛法如是，是則謬矣。」

　　李笠翁是反對把素菜與寺院佛教聯繫在一起的。他認為，以草茅為衣，以樹果為食，是上古人的風氣。人能遠離肥肉葷油，以吃蔬果野菜為美，使腹中那塊菜園，不被羊肉之腥來踐踏，就好比上古羲皇之民，在堯舜盛世吃飽了肚子，這同愛好古玩者有同樣的意趣。

　　現代，隨著物質生活不斷提高，人們對飲食觀念的改變，對富貴病的認識，素食已悄然成為食尚。在中國，如北京、上海素食餐飲發展極為迅速，大有逐年翻番之勢，沿海城市也發展迅猛，食材大量出新。知名素食企業有功德林、棗子樹、淨心蓮、敘香齋等。各大寺院均有自己的特色素齋。素食也不在是純粹宗教人士的專屬成為健康時尚的代表。

素食原則

　　素食做為一種環保、健康、時尚的生活方式，在國際上漸漸流行，表現出人們回歸自然，保護地球生態環境的追求。如今的素食，與環境保護、動物保護一樣代表著一種不受污染的文化品味和健康時尚。

　　素食養生在中國可謂源遠流長，自古就有藥食同源之說，也就是說食物與藥物並沒有明確的界線，每一種食物都具備一定的藥性，這就是飲食調養之精髓。據《千金翼方養生食療》載「安身之本，必須於食，救疾之道，唯在於藥。不知食宜者，不足以全生，不知藥性者，不能以除病。」故食能排邪而安內臟腑，藥能恬神養性以資四氣。若將食物的寒、熱、溫、平、涼五氣與酸、苦、甘、辛、鹹五味，隨人體和季節的不同而作搭配，即可養血氣、排疾患。詩人屈原在《楚辭·天問》中寫道「彭鏗斟雉，帝自饗，受壽永多，夫和久長。」漢代楚辭專家王逸注曰：彭鏗彭祖也。古人淮南居詩雲：彭鏗在執鼎，昆吾為制陶，缽中存美味，首贊至唐堯。彭祖史前壽星，善養生，相傳壽長八百八十歲，迄今已有四千三百多年的歷史。獨創了導引術、養生烹調術、房中術等。彭祖膳食養生，重在通過飲食或藥餌的調養來補益人體之精氣、神明。調整人體內部陰陽五行關係，使整個人體各器官功能協調平衡，從而達到健康長壽的目的。《黃帝內經》中就有五穀為養，五畜為益，五果為助的論述，經幾千年的驗證，現代營養學也證實了其科學性。道家五行說也深深地刻入了我們的文化，道家五行及金、木、水、火、土五行學說，在人體則以五臟為中心。

五色與五臟相配，即綠、紅、黃、白、黑五種大家熟知的蔬菜顏色，各入不同的臟腑，各有不同的作用。紅色主心，所屬蔬菜有胡蘿蔔、番茄、紅椒、紅豆等；綠色主肝，所屬蔬菜有花椰菜、蘆筍、苦瓜、黃瓜、芥藍、萵筍、青椒、芹菜、荷蘭豆及其他綠色素菜；黃色主脾，所屬蔬菜有黃豆、玉米、南瓜、黃豆芽、紅薯、南瓜子、腰果及各種植物種籽等；白色主肺，所屬蔬菜有地瓜、蓮藕、地瓜、蓮子、山藥、馬鈴薯、白蘿蔔、銀耳等；黑色主腎，所屬蔬菜有紫菜、蕎麥、海帶、黑豆、香菇、黑芝麻、黑木耳等。

五色養生素食以低鹽、低糖、低脂肪為準則，堅持新鮮入饌，視覺歡愉兼顧，五臟均衡保健，充分體現中國素食哲學之精神內涵。

另外，酸、苦、甘、辛、鹹等食物五味，與我們臟腑的關係也十分密切，《黃帝內經》中記載，酸味與肝相應，有增強肝臟的功能；苦味與心相應，可增強心臟功能；甘味與脾相應，有增強脾的功能；辛味與肺相應，可增強肺的功能；鹹味與腎相應，可增強腎的功能。在我們選擇食物時，必須五味調和，這樣才能有利於健康。若五味過偏，會引起疾病的發生。所以平時要注意各種味道的搭配，做到五味調和，應對增補。

佛教傳入中國後，與道教融合，見於大乘涅槃經與楞伽經典傳入中國，至五代十國梁武帝終身奉行。即逢啟告宗宙、天地、社稷、農壇之大典，亦以面制象形祭品，代替太牢三牲血食，於今素菜館仿葷素食，始創於梁武帝。

說素食之利益，依科學觀察：

一、就動物學之進化論，由下等動物進化至高等動物，由高等動物進化至動物最靈之人類，則此人類與動物原屬一體。

二、就衛生學原理，蓋植物受日光雨露而滋長，所含維生素之質素，遠勝於動物。

三、就經濟學之統計：素食發生，乃戰國時各國被經濟封鎖，國內糧食大起恐慌，自此經驗，當全國休養生息時，積極提倡素食，足見素食益於國家經濟。

綜合上述三項，佛教、素食含意尤深。佛說慈悲，起發於大悲之心，蓋一切眾生皆系同體，一切群情系未來之眷屬；生命大流，六道輪回，生生死死，因果相續。

綜合上述，合理健康吃素要掌握原則如下：

● 主食以多選用粗糧為佳

我們知道粗糧含有豐富的膳食纖維，對機體有很好的補益功效。當然粗糧的品種也要有所區別，而且最好用全麥麵包、燕麥麵包、胚芽麵包，糙米等代替白米飯、細白麵等。

● 多吃豆類和豆製品

豆類中植物蛋白的含量很高，比如豆類中的黃豆、毛豆、綠豆；豆製品中的豆腐、豆乾等，植物蛋白可補充機體因未攝食肉類而缺乏的部分營養素，而且多吃也沒有固醇過高之憂。

● 多食用核果類食品

腰果、杏仁、花生、核桃仁等堅果類食品，其豐富油脂可以補充人體所需的熱量。

● 食用果蔬需要多樣化

不要只吃幾種，既要吃些綠色蔬菜，也要食用根莖菜、花果菜、菌藻菜等。微量元素鐵可經由多攝取高鐵質的水果，如奇異果、葡萄來補充。

● 烹調清淡化

別為了讓素食更有味道而多放油脂來烹調，應掌握素菜清淡且少鹽、少糖的烹調原則，才符合素食之健康取向。

● 補充富含維生素的材料

吃素者易缺乏維生素，其中以缺乏維生素 B_{12} 最為常見，可以食用富含維生素 B_{12} 的水果以改善。

料理素食要掌握以上原則，就是不要使用太複雜的烹調程式，多食用新鮮蔬菜，油一定要適量，選擇原始粗糙的素材，經常更換米飯種類，偶爾吃點糙米，或在米飯內加五穀、燕麥等，都是達到均衡營養的好方法。

素食形式

根據國際素食者聯合會成員的意願，素食主義被定義為一種「不食用肉，家禽，魚及它們的副產品，食用或不食用乳製品和蛋」的習慣。下面幾種是常見的素食形式：

● 純素食

純素食會避免食用所有由動物製成的食品，例如各種禽蛋、奶、乳製品、乾酪和蜂蜜。除了食物之外，部分嚴守素食主義者也不使用動物製成的商品，如皮革、皮草和含動物性成分的化妝品。

● 齋食

齋食一般會避免食用所有由動物製成的食品，以及括青蔥、大蒜、洋蔥、韭菜、蝦夷蔥在內的蔥屬植物。

● 乳蛋素

乳蛋素是指不食肉素食主義者會食用部分動物製成的食品來取得身體所需之蛋白質，如蛋和奶類。

● 奶素

奶素是指這類素食主義者不食用禽蛋及禽蛋製品，但會食用奶類和其相關產品，如乳酪、奶油或優酪乳等。

● 蛋素

蛋素與奶素正好相反，蛋素是指這類素食主義者不吃奶及奶的製品，可食用禽蛋類和禽蛋相關產品。

● 果素

果素是指僅僅食用各種水果和果汁或其他植物性果實，不包括肉、蔬菜和穀類。

● 苦行素食

是為了堅定心中的信念，以苦行的方式進行素食，不僅戒蛋，牛奶，甚至戒大豆、食鹽。

● 生素食

這種食用方法是將所有食物保持在天然狀態，即使加熱也不超過47℃。生素食主義者認為烹調會致使食物中的酵素或營養被破壞。有些生食主義者在食用種子類食物前，會將食物浸泡在水中，使其酵素活化。有些生食主義者僅食用有機食物。

● 胎裡素

指素食媽媽懷孕所生的素寶寶。在臨床觀測到苯丙酮尿症的寶寶在懷孕期間會影響母親的飲食，使得母親抗拒動物性食物，並且苯丙酮尿症寶寶也是基因特性決定於純素飲食。如果出世後繼續吃素，身體裡都沒有動物食物成分，可算得上全身都是素。在印度、台灣盛行吃素之處，有很多素寶寶。素寶寶並沒有因為不攝入動物蛋白而營養不良，基本上體質都很健壯。

素食益處

隨著生活水準的提高，現代人脂肪、蛋白脂、糖分攝入過多，造成了營養過剩、營養失調。從營養學角度來說，人類飲食的葷素黃金比例應該為2：6，即2份葷6份素。但是隨著經濟發展，生活改善，人們傾向於食用更多的動物性食物，甚至把這個比例倒了過來，成了6份葷2份素。所謂病從口入，不健康的飲食習慣形成多種現代疾病，如肥胖、糖尿病等疾病的根源。每年的11月25日被定為「國際素食日」。國際素食日的確定，提醒人們要擺脫這一不合的飲食習慣，多吃素食以養成健康的飲食習慣。

● 延長益壽

經常吃素能起到延年益壽的作用。根據營養學家研究，素食者比非素食者更能長命。一些原始素食主義民族平均壽命極高，令人稱羨。

● 有助於體質酸鹼中和

人類體質是偏鹼性的，肉吃太多易使體液變成偏酸性，而增加患病的機會，吃素則有助於體質的酸鹼中和。

● 降低膽固醇含量

素食血液中所含的膽固醇永遠比肉食者更少，血液中膽固醇含量如果太多，則往往會造成血管阻塞，成為高血壓、心臟病等病症的主因。

● 可以防癌

有些癌症和肉食息息相關，比如大腸癌。素食中含有大量纖維素，利於通便，使體內有害物質即時排出，降低有害物質對腸壁的損害。

● 可減少慢性病

對於腎功能不全的腎臟病患者而言，吃素食可減輕腎臟負擔，又不減少蛋白質的攝取量。文獻上也有素食可改善類風濕性關節炎之報告。

● 避免尿酸過高

經常吃肉類而產生過高的尿酸，對腎臟造成沉重的負荷，與腎衰竭及腎結石的發生有一定的關係，吃素就可以消除這一影響。

● 降低體內毒素堆積

素食營養非常容易被消化和吸收，肉食在胃中不易消化，甚至進至大腸時尚有大部分未消化或只是一半消化，因此肉食在大腸中腐化極盛，且多帶毒性，對人體有害。

● 減少引發胰腺炎幾率

大量進食肉類食物會使胰蛋白酶分泌急劇增多，胰頭排泄不暢就會引發胰腺炎等嚴重的消化系統疾病。一切果蔬穀類的營養反而易消化、容易直接吸收，植物中纖維素能刺激腸道蠕動，支撐糞塊疏鬆不易硬結，防止便祕的發生。

● 安定神經系統

素食常用的五穀類、硬殼果、蔬菜、水果，包括足夠的蛋白質、碳水化合物、植物油、礦物質和維生素，都是各種身體必需的養分。素食可建造人體的組織，也可維護修補，並產生熱量，供給人體體能，使人的血液鹼性化，不使它危害地酸性化，並富有維生素，又能安定神經系統。

素湯調製

多種湯底熬製，不同的湯頭，
烹調料理時能增加美味，更能讓飲食均衡。

黃豆芽湯

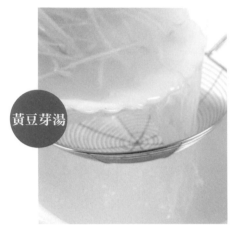

1 將黃豆芽擇洗乾淨，瀝去水分。

2 放入油鍋中煸炒至豆芽發軟時。

3 加入冷水（水量要寬）並加蓋。

4 以大火熬煮至湯汁呈淺白色時，
以潔布或濾網過濾後即成。

蘑菇湯

1 乾品蘑菇是製素湯的上好食材。

2 先將蘑菇洗淨，以清水泡軟。

3 一起倒入鍋中，以小火煮30分
鐘，撈出蘑菇過濾原汁。

素清湯

1 取鮮筍根部切大塊。

2 與乾香菇、黃豆芽一起洗淨。

3 放入鍋中，加入足量的清水燒沸。

4 再轉微火保持湯麵微沸，煮約2
小時，熄火過濾後即成。

Part 1 清鮮
涼拌菜

香菇為高蛋白、低脂肪的
保健食品,含有30多種酶
和18種胺基酸,及人體所
必需的8種胺基酸,香菇
中就含有7種,有「菌菜之
王」的美稱。

無論鮮品還是乾品,香菇
常帶有泥土和雜質,因此
在烹調前要先以冷水將香
菇表面沖洗乾淨(帶柄的
香菇可將根部除去),然後
香菇「鰓頁」朝下放置於
溫水盆中,再加上少許白
糖浸泡,待香菇變軟、「鰓
頁」張開後,再以手朝一個
方向輕輕旋攪,讓泥沙沉
入盆底,撈出香菇輕輕擠
去水分,即可用於烹調菜
肴使用,而且味道也更加
鮮美。

醬滷香菇

味型 醬香味	美味 ★★★	時間 60分鐘	難度 ★★

材料
鮮香菇500公克

調味料
鹽1大匙
白糖100公克
醬油2大匙
素高湯1000毫升

作法

1 將鮮香菇去除菇柄,留下菇傘,放入清水盆內,加上少許白糖揉搓均勻,再換清水洗淨。

2 熱鍋,加入白糖和少許清水,浸至糖溶化,以小火慢慢熬煮至暗紅色,再加入500毫升清水煮沸,起鍋晾涼成糖色。

3 加入素高湯、糖色、醬油、鹽和白糖,以中小火熬煮成滷汁。

4 放入洗淨的鮮香菇,燒沸後轉小火醬煮約10分鐘,然後轉大火收濃湯汁,撈出香菇,裝碗,澆上少許滷汁即可。

祕製拉皮

味型 香辣味　美味 ★★★　時間 20分鐘　難度 ★★

材料

涼粉皮300公克
小黃瓜100公克
胡蘿蔔50公克
花生米20公克
芝麻少許
紅辣椒乾15公克

調味料

鹽1小匙
白糖2小匙
醬油2大匙
芝麻醬3大匙
陳年醋4小匙
植物油適量

作法

1. 將涼粉皮切小段,放入沸水鍋中汆燙一下,撈出,放入冷水漂涼,放在盤內。

2. 黃瓜洗淨,切細絲;胡蘿蔔去皮,洗淨,也切細絲;花生米壓成碎末;紅辣椒乾以溫水浸泡至軟,瀝水,切細絲。

3. 熱鍋加油燒熱,放入乾辣椒絲和少許鹽略炸,起鍋裝碗成辣椒油,再加入醬油、陳年醋、芝麻醬、白糖調勻成醬汁。

4. 在盛有拉皮的盤中放入黃瓜絲和胡蘿蔔絲,撒上花生碎、芝麻,澆上調好的醬汁,食用時調拌均勻即可。

point

東北拉皮又稱水拉皮等,原來以馬鈴薯粉為材料製作,現在多以地瓜粉、綠豆粉為材料製作。東北拉皮以其色澤晶瑩透亮,入口滑爽、勁道,質感細膩而深受消費者喜愛。
製作拉皮要先將澱粉以適量的水沖開;取一鍋,分次盛裝適量的麵粉,在沸水鍋內轉動幾圈,然後以沸水燙過後,放入冷水中漂涼即成。

蔬菜沙拉

材料
小番茄75公克、小黃瓜75公克
西洋芹75公克、紫甘藍75公克
罐頭玉米粒100公克

調味料
鹽少許、鹹味沙拉醬2大匙

作法

1 小番茄去蒂，以清水洗淨，瀝淨水分，一切兩半；黃瓜去蒂、洗淨，切小塊，加上少許鹽稍醃，瀝乾水分。

2 西洋芹去根、取嫩莖，紫甘藍剝片，分別洗淨，均切細絲。

3 將甘藍絲、西洋芹絲加入鹽拌勻，醃漬出水分，去鹽水，放入容器內，加上玉米粒拌勻。

4 再加上黃瓜塊、鹹味沙拉醬調勻，盛入盤中，將番茄瓣擺在盤邊，即可上桌食用。

味型	美味	時間	難度
鮮鹹味	★★★	10分鐘	★

point

紅色的番茄、黃色的玉米粒、綠色的黃瓜、紫色的甘藍搭配成菜，不僅色澤美觀，而且操作簡單，口味脆鮮。

酪梨泡菜

材料
大白菜1000公克、酪梨100公克
蘋果75公克

調味料
鹽1大匙、白糖4小匙、辣椒粉適量
豆瓣醬2大匙

作法

1 將大白菜以清水洗淨，瀝淨水分，先順切兩半，再把每半切四條。

2 酪梨、蘋果洗淨，削去外皮，去掉果核，切小塊，放入食物調理機中，加入鹽打成碎末。

3 再加入豆瓣醬打碎攪勻成漿，取出倒在乾淨容器內，放入白糖和辣椒粉拌勻成辣椒醬。

4 白菜條放在容器內，以手抹上辣椒醬，再蓋上剩餘的白菜條，繼續塗抹上辣椒醬，蓋上容器蓋，醃漬7天即可。

味型	美味	時間	難度
鮮辣味	★★★	7天	★★

point

風味泡菜是冬季家庭比較常見的品種，在製作泡菜時需要注意，醃漬白菜時不要黏上油脂，以免白菜起白膜。

糖醋蓮藕

味型 酸甜味　美味 ★★★　時間 2小時　難度 ★★

材料

蓮藕400公克
紫甘藍350公克
檸檬1個

調味料

白醋4小匙
日糖2大匙

作法

1 將紫甘藍洗淨,切小塊,放入食物調理機中,加入少許清水打碎,過濾後取紫色甘藍汁。

2 將甘藍汁倒入大碗中,再加入白醋、白糖攪拌均勻成味汁;檸檬洗淨,切小片。

3 蓮藕去掉藕節,削去外皮、洗淨,切薄片,放入沸水鍋中汆燙至熟,撈出蓮藕片,以冷水快速過涼,再瀝去水分。

4 放入調好的味汁中浸泡,再放入幾片檸檬片,入冰箱中冷藏約2小時,裝盤上桌即可。

point

蓮藕為睡蓮科蓮屬中能形成肥嫩根狀莖的栽培種,多年生水生宿根草本植物。在製作蓮藕料理時,需要注意不要用鐵鍋煮蓮藕,以免影響蓮藕的色澤,烹煮蓮藕以銅鍋為佳,也可用砂鍋或不銹鋼鍋代替。

蘭花豆乾

味型 醬香味	美味 ★★★	時間 60 分鐘	難度 ★★

材料
白豆腐乾500公克

調味料
鹽1/2小匙
醬油1大匙
腐乳汁2小匙
豆芽湯250毫升
植物油600毫升（約耗25毫升）

作法

1 將白豆腐乾洗淨，瀝乾，在豆腐乾的兩面切上淺蘭草花刀，再把豆腐乾切約5公分長、2公分寬的長條。

2 熱鍋加入植物油，燒至八分熱，入白豆腐乾條炸至金黃色，撈出瀝油。

3 加入豆芽湯、鹽、腐乳汁、醬油燒沸。

4 倒入豆乾條，轉小火燒煮10分鐘，再轉大火收濃湯汁，起鍋，待豆乾晾涼後，裝盤上桌即可。

point
豆腐乾的製作方法是以黃豆或其他品種的大豆為材料，經過浸泡、研磨、出漿、凝固、壓榨等多道工序生產加工而成的半乾性製品。

煙燻素鵝

味型 燻香味　美味 ★★★　時間 40分鐘　難度 ★★

材料

乾香菇75公克
冬筍50公克
胡蘿蔔40公克
乾黑木耳25公克
小黃瓜40公克
油豆腐皮200公克
鍋巴適量
茶葉10公克

調味料

鹽少許
白糖2小匙
醬油1小匙
料理米酒2大匙
香油4小匙
太白粉1小匙
植物油適量

作法

1 將乾香菇、冬筍、胡蘿蔔、乾木耳、小黃瓜分別擇洗乾淨，木耳泡發，均切細絲（或細條）。

2 熱鍋，加入植物油燒熱，放入香菇絲、冬筍絲、胡蘿蔔絲和木耳絲、小黃瓜絲翻炒均勻。

3 再倒入料理米酒，加入醬油、鹽和少許清水燒煮至沸，以太白粉加些許水調勻勾芡，倒入容器中晾涼成餡料。

4 取一容器，加入醬油、白糖和清水攪勻，放入油豆腐皮浸泡一下，撈出瀝水，放上餡料，捲成素鵝生坯。

5 將鍋巴、茶葉、白糖拌勻，放入燻鍋內，架上蒸盤，擺上素鵝生坯，蓋上蓋，以小火燻3分鐘，熄火後再燜10分鐘，取出後，抹上香油，切條後仍裝盤上桌即可。

point

豆腐皮為半乾性加工性豆製品，也是我們家庭中常見的豆製品。豆腐皮的製作方法是將經過浸泡後的黃豆（或其他豆類，如黑豆、芸豆等）用機器或手工磨製成漿汁，放入淨鍋內燒煮至沸，此時漿汁的表面凝結有一層薄膜，輕輕以長竹筷子將薄膜挑出並抒直成豆皮，將豆皮從中間粘起成雙層半圓形，再經過烘乾即成。

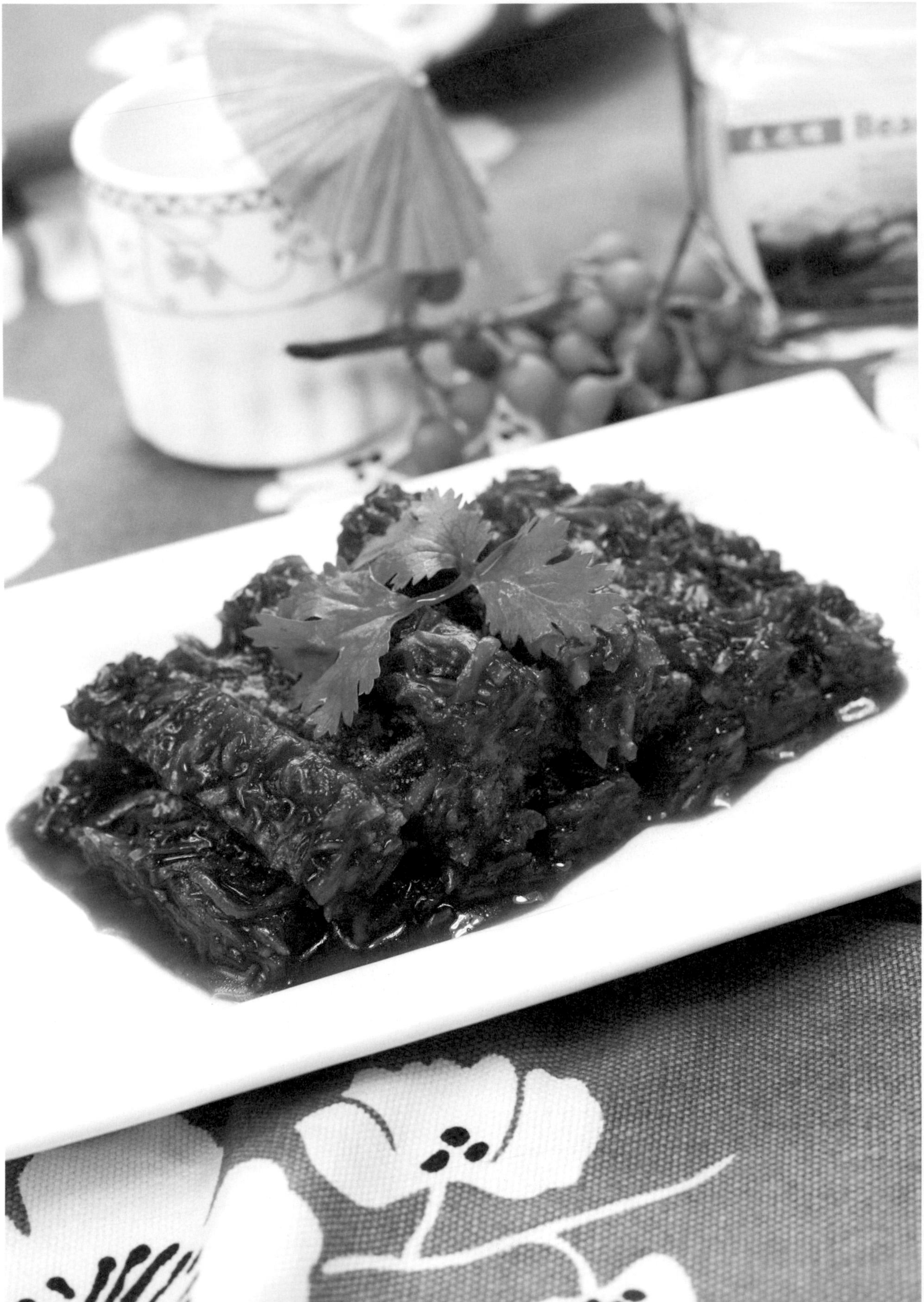

鮮藕絲糕

味型 香甜味	美味 ★★★	時間 4 小時	難度 ★★

材料

新鮮蓮藕750公克
藕粉150公克

調味料

白糖150公克
食用紅色素少許
植物油1人匙

point

鮮藕絲糕是採用新鮮的嫩藕，運用煮、凍的方法精製出的一款甜味菜肴。鮮藕絲糕成品呈玫瑰紅色，晶瑩細嫩，甜潤清香，爽口化渣。尤其是夏季食用，清涼沁脾，去煩解暑。

製作鮮藕絲糕時需要注意，製作完成的鮮藕絲糕需要晾涼後才能切塊，否則不能成型。

作法

1 將新鮮蓮藕去掉藕節，削去外皮，以清水浸泡並洗淨，瀝水，切細絲。

2 熱鍋加入適量的清水燒煮至沸，倒入蓮藕絲略煮，撈出、瀝淨水分。

3 熱鍋，加入少許清水和白糖，以勺慢慢推轉，待白糖起泡浮起，加入少許食用紅色素，繼續推勻呈粉紅色。

4 再將藕粉加上適量清水調勻成藕粉糊，慢慢倒入鍋內，攪拌至快凝結。

5 倒入蓮藕絲拌勻，起鍋，倒在抹有植物油的平盤內並壓實，放入冰箱內冷藏晾涼成藕絲糕，食用時取出，切小條，裝盤上桌即成。

Vegetarian food

23

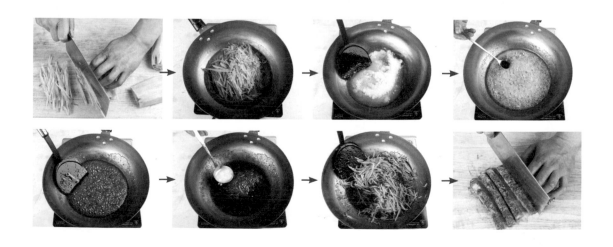

薑汁四季豆

味型 薑汁味 ｜ 美味 ★★★ ｜ 時間 25 分鐘 ｜ 難度 ★★

材料

四季豆400公克
胡蘿蔔 25公克
鮮薑25公克

調味料

鹽1小匙
米醋1大匙
香油2小匙

作法

1 將四季豆掐去兩端，撕去豆筋，以清水洗淨，瀝水，切小段；胡蘿蔔去根，削去外皮，洗淨，切片。

2 鮮薑去皮，洗淨，切小丁，放入碗內，加上少許清水搗爛成薑汁，再加入米醋、鹽、香油調拌均勻成薑味汁。

3 鍋中加入適量清水燒沸，放入四季豆、胡蘿蔔片汆燙至熟，撈出，以冷水沖涼，瀝乾水分。

4 將四季豆段、胡蘿蔔片放入碗中，加入調好的薑味汁拌勻，即可裝盤上桌。

point

四季豆富含維生素A，若與富含胡蘿蔔素的胡蘿蔔一起涼拌成菜食用，則能提高維生素A的吸收率，有瘦身、美膚、養顏的效果，特別適宜肥胖者減肥時作為保健料理食用。

風味豆雞

味型	美味	時間	難度
燻香味	★★★	45 分鐘	★★

材料

油豆腐皮400公克
熟芝麻25公克
茶葉10公克

調味料

鹽2小匙
醬油1大匙
白糖2大匙
辣椒油1小匙
花椒粉少許
香油適量
素高湯3大匙

作法

1　將鹽、醬油、少許白糖、花椒粉、辣椒油和素高湯放在小碗內調勻成醬汁。

2　將油豆腐皮以清水浸泡並洗淨，撈出，擦淨表面水分，放在砧板上。

3　先刷上調好的醬汁，再刷上少許香油，撒上熟芝麻，摺疊成長髮形的「豆雞」生坯。

4　燻鍋置火上，放入浸濕的茶葉，撒上白糖，架上蒸盤，放上「豆雞」生坯。

5　蓋上燻鍋蓋，以大火燻約3分鐘，取出「豆雞」，晾涼，切條塊，裝盤上桌即可。

山藥質地細膩,味道香甜,是比較有特色的食材之一。不過有時候我們削山藥時,山藥皮容易導致皮膚過敏,所以最好用戴上手套的方式,並且削完山藥後摘去手套,馬上多用清水洗幾遍手,就可以不癢了。

山藥火龍果

味型 甜香味	美味 ★★★	時間 30 分鐘	難度 ★★

材料

火龍果1個(約300公克)
山藥150公克
甜椒100公克

調味料

鹽1/2小匙
白糖2大匙
芝麻醬1大匙

作法

1 將山藥削去外皮,洗淨,切細絲,再放入沸水鍋中汆燙一下,撈出,瀝淨水分。

2 火龍果剝去外皮,以淡鹽水浸泡片刻並洗淨,瀝去水分,切小塊;甜椒去蒂、去籽,洗淨,切細絲,以熱水稍燙一下,撈出瀝淨。

3 將芝麻醬放入容器內,先加入少許清水調勻,再放入白糖、鹽拌勻成味汁。

4 加入山藥絲、火龍果塊、甜椒絲拌勻,放入冰箱中冰鎮約10分鐘,食用時取出,裝盤上桌即可。

苦瓜蘑菇鬆

| 味型 鮮鹹味 | 美味 ★★★ | 時間 25 分鐘 | 難度 ★★ |

材料

苦瓜300公克
雞腿菇75公克
熟芝麻25公克
薑塊15公克

調味料

白糖1小匙
醬油4小匙
料理米酒2小匙
香油1人匙
植物油2大匙
鹽少許

作法

1. 苦瓜去掉瓜瓤，以清水浸泡並洗淨，以刮皮刀刮成薄片；薑塊去皮，洗淨，瀝淨水分，切薑末。

2. 淨鍋置火上，加入清水和少許鹽燒煮至沸，倒入苦瓜片汆燙一下，撈出，冷水過涼，瀝淨水分。

3. 將雞腿菇以淡鹽水浸泡並洗淨，撈出，瀝淨水分，用刀面拍一下，再切細絲。

4. 熱鍋，加入植物油燒熱，放入薑末爆鍋出香味，再放入雞腿菇絲，以中小火煸炒約5分鐘至金黃色。

5. 加入料理米酒、醬油、白糖、香油炒勻，撒入芝麻調勻，起鍋後晾涼成蘑菇鬆，再加入苦瓜片和熟芝麻調拌均勻，裝盤上桌即可。

point

雞腿菇因形如雞腿，味似雞肉而得名。雞腿菇的口感滑嫩，清香味美，味道鮮美。雞腿菇的營養豐富，其含有豐富的蛋白質，碳水化合物，多種維生素、礦物質等等。由於雞腿菇集營養、保健、食療於一身，且其色、香、味、形俱佳，炒食、燉食、煲湯均久煮不爛，備受青睞。

椒圈豇豆

材料
嫩豇豆300公克、牛角椒25公克
嫩薑 15 公克

調味料
鹽1小匙、白糖1/2小匙、香油1大匙

作法

1　將嫩豇豆掐去兩端,以清水洗淨,切3公分長的小段,入沸水鍋內,加上少許鹽汆燙一下,撈出,以冷水過涼,瀝乾水分。

2　將嫩薑去皮,洗淨,切小塊,放入食物調理機中榨成薑汁。

3　牛角椒去蒂、去籽,洗淨,切紅椒圈,放入燒熱的香油鍋內炒出香味,起鍋。

4　將豇豆段放入容器中,加入紅椒圈、薑汁、鹽、白糖及少許香油攪拌均勻,裝盤上桌即成。

味型	美味	時間	難度
香辣味	★★★	20分鐘	★★

point

生豇豆中含有兩種對人體有害的物質,食用未熟的豇豆容易引起中毒。因此豇豆一定要充分加熱煮熟,以保證豇豆熟透。

鮮味小蘿蔔

材料
櫻桃小蘿蔔500公克

調味料
鹽1小匙、李錦記特級鮮醬油2小匙
素高湯150毫升

作法

1　將櫻桃小蘿蔔去掉菜及根,放入淡鹽水中浸泡並洗淨,撈出,瀝淨水分。

2　將櫻桃小蘿蔔放砧板上,再以刀面輕輕拍裂,再把櫻桃蘿蔔放在容器內,加入少許鹽拌勻,醃漬20分鐘,撈出,瀝淨水分。

3　將醬油、素高湯、鹽放入容器內調拌均勻成味汁。

4　再放入櫻桃小蘿蔔拌勻,浸泡30分鐘至均勻入味後,裝碗上桌即可。

味型	美味	時間	難度
鮮辣味	★★★	60分鐘	★

point

市售特級鮮醬油與生抽、老抽有所不同,生抽口味偏鹹,調味用;老抽色澤深,味略甜,用於調色,鮮醬油主要用於提鮮。

特色涼粉

材料

豌豆500公克
薑汁1大匙
白芝麻少許
花生米少許

調味料

米醋1大匙
白糖1小匙
太白粉4大匙
辣椒油2小匙
沙茶醬少許

作法

1　將豌豆脫殼，磨成細粉，加入清水攪成漿，以紗布籮篩過濾，去渣質，取漿沉澱，濾去清水，留中層水粉下「層砣粉」。

2　鍋內加上清水燒沸，入太白粉攪勻，再沸後入「砣粉」燒至熟透。

3　起鍋放入容器內，冷卻至凝結成涼粉，取出，切小條（或薄片），放在盤內。

4　將薑汁、米醋、白糖和辣椒油、沙茶醬放在小碗內調勻成味汁，淋在涼粉上，撒上壓碎花生米及芝麻即成。

涼粉常用綠豆、豌豆加工而成，製作上除了上面介紹的用拌的技法製作涼菜外，還可以把涼粉用煎的方法加工，再淋上各種調味汁食用。

道家老泡菜

味型 酸辣味　美味 ★★★　時間 10天　難度 ★★

🍴材料

白蘿蔔350公克、小黃瓜300公克
白菜250公克、豇豆250公克
紅辣椒150公克、老薑100公克
甘草5公克、嫩薑25公克

調味料

花椒10公克、鹽3大匙
白酒適量

道家老泡菜是四川省都江堰市青城山的著名特產。道家老泡菜脆嫩酸甜，質地清脆，是一種解膩、開胃、增進食欲的佐餐佳品。道家老泡菜以青城山道士生產的小黃瓜、豇豆、辣椒、蘿蔔、大蒜、白菜、嫩薑等為材料，經嚴格挑選、清洗、晾曬，放入以山泉水、鹽、花椒等配製而成的汁液中浸泡而成。卓越的佛教領袖趙朴初居士在食用道家老泡菜後賦《調寄憶江南》一首：「青城好，泡菜冠全川，清脆薑芥誇一絕，芳甘乳酒比雙賢，吾獨取椒盤。」

作法

1. 將白蘿蔔、小黃瓜、紅辣椒、白菜、豇豆分別擇洗乾淨，瀝淨水分。

2. 將白蘿蔔去根，削去外皮，切大塊；小黃瓜洗淨，切條；紅辣椒去蒂，洗淨，切段；白菜洗淨，剝片；豇豆洗淨，切段；老薑去皮，洗淨。所有材料備用。

3. 熱鍋，加入適量的清水燒沸，放入辣椒、花椒、老薑、甘草、嫩薑、鹽和白酒燒沸。

4. 轉小火熬煮約10分鐘出味成泡菜汁，起鍋倒在洗淨的泡菜罐內，晾涼。

5. 將各種加工好的蔬菜晾乾水分，放入泡菜罐內攪拌均勻，蓋上罐蓋，在罐外邊沿倒上少許清水，置陰涼通風處醃泡入味。

6. 食用時取出醃泡好的各種蔬菜，改刀切小條或其他形狀，擺盤上桌即可。

＼泡菜小百科／

泡菜是把經加工處理的材料，放入由鹽、花椒、料理米酒、辣椒、冷開水等拌勻製成的溶液的罐子中浸泡，利用鹽水中產生的乳酸等有機化合物使材料成熟、入味、增香的烹調方法。泡菜原為中國各地普通家庭醃漬質地鮮脆的蔬菜的一種方法，現已被餐廳廚師廣泛用於菜品的製作中，並進一步加以改良，賦予了新的內涵，並由此開發出一系列泡菜料理，廣受顧客的青睞。

內江蘿蔔乾是四川省內江市的著名特色小吃，是以威遠縣鎮西鎮李家坳圓白嫩、爽口化渣的大白蘿蔔為材料，經過多道工序醃泡而成。內江蘿蔔乾集麻、辣、香、甜、脆於一體，色澤美觀、風味獨特。

醃泡好的蘿蔔乾有多種食用方法，最簡單的就是直接佐粥食用；或再加入一些調味料和配料（如小黃瓜、香菇、豆腐乾、腐竹、木耳等）等拌製成菜；或把蘿蔔乾切絲或小丁，加入一些蔬菜等炒製成菜；還可以煮製成各種口味的湯羹食用，風味亦佳。

內江蘿蔔乾

味型	美味	時間	難度
酸辣味	★★★	14天	★★

材料

白蘿蔔1000公克

調味料

花椒粉1大匙

辣椒粉2大匙

鹽3大匙

白糖4大匙

白醋5小匙

油豆豉4小匙

辣椒油適量

作法

1 將白蘿蔔削去掉根鬚，洗淨，切5公分長、1公分見方的條，晾曬至八分乾。

2 將白蘿蔔乾放容器內，加入鹽，反覆揉搓均勻，再加入白糖、白醋、辣椒粉、花椒粉揉勻。

3 將白蘿蔔乾放入小罐內，蓋上罐蓋，以水密封罐口，醃漬2週後即成蘿蔔乾。

4 食用時取出蘿蔔條，切2公分大小的丁，加上油豆豉、辣椒油等拌勻即成。（如要顏色漂亮可加香菜或芹菜。）

翠綠桃仁

味型 鮮鹹味	美味 ★★★	時間 60分鐘	難度 ★★

材料

核桃1000公克
嫩豆苗100公克
薑塊25公克

調味料

鹽2小匙
醬油1小匙
素高湯150毫升
香油適量

作法

1 將核桃放入容器內,加入適量沸水浸泡10分鐘,取出,輕輕剝去皮衣成淨核桃。

2 嫩豆苗放入小盆內,加入清水和少許鹽拌勻,醃泡15分鐘,撈出豌豆苗,瀝淨水分。

3 薑去皮,洗淨,瀝淨水分,切碎末,放在小碗內,加入少許素高湯,搗爛成薑汁。

4 再加入醬油、其餘素高湯調拌均勻,放入核桃仁拌勻上味,淋入香油,放在盤內,撒上嫩豆苗即成。

point

核桃未取出核桃仁之前,我們一般用錘子砸開核桃硬殼,取出核桃仁,但常常會將核桃仁也同時砸碎,怎樣才能取出完整的核桃仁呢?可以先將核桃放入蒸籠內蒸幾分鐘,取出放入冷水中浸泡後再砸硬殼,核桃肉就不易破碎。如果要去掉桃仁的子皮,只要把核桃仁放沸水中再燙幾分鐘,取出用手輕輕一撚,就能把皮剝下了。

酸甜冰苦瓜

材料

苦瓜500公克、冰塊適量

調味料

鹽1/2大匙、白糖4大匙、白醋3大匙

作法

1. 將苦瓜去蒂,以清水洗淨,瀝去水分,順切兩半,去除瓜瓤,再以刨刀刨成條形薄片。

2. 鍋置火上,加入適量清水和少許鹽燒沸,放入苦瓜薄片快速汆燙一下,撈出苦瓜片,放入清水中過涼,瀝去水分。

3. 淨鍋置火上,放入少許清水、白糖、白醋和鹽燒煮至沸,起鍋過濾去掉雜質,晾涼後成酸甜味汁。

4. 將苦瓜片放入冰水中浸泡10分鐘,取出瀝水,放入碗中,淋上酸甜味汁即可。

味型 酸甜味	美味 ★★★	時間 30分鐘	難度 ★

point

苦瓜中含有的苦瓜甙和苦味素能增進食欲,健脾開胃;所含的生物鹼類物質奎寧,有利尿活血、消炎退熱、清心明目的功效。

拌什錦蔬菜

材料

甘藍、青椒、紅椒、胡蘿蔔、乾黑木耳、苦苣、生菜各適量

調味料

鹽、白糖、芝麻醬、醬油、陳年醋、檸檬汁、花椒油、香油、橄欖油各適量

作法

1. 淨甘藍、淨胡蘿蔔、淨生菜均切絲;淨苦苣切小段;乾木耳泡發撕成小朵;淨青椒、淨紅椒切椒圈。

2. 取大深盤一個,先放入甘藍絲、苦苣段、生菜絲、木耳,再放入青椒圈、紅椒圈,然後撒上胡蘿蔔絲。

3. 將芝麻醬、白糖、鹽、陳年醋、檸檬汁、少許涼開水放入碗中攪勻,再加入醬油、花椒油、香油、橄欖油拌勻成味汁。

4. 將擺好各種蔬菜的大深盤與調好的味汁一起上桌,食用時淋在原蔬菜上拌勻即成。

味型 醬香味	美味 ★★★	時間 20分鐘	難度 ★★

point

拌什錦蔬菜中的蔬菜品種可以根據個人的喜好可靈活增減,但各種蔬菜必須要充分洗淨,以保證安全和衛生。

熗拌三絲

| 味型 鮮香味 | 美味 ★★★ | 時間 20分鐘 | 難度 ★★ |

材料
馬鈴薯150公克
胡蘿蔔200公克
榨菜50公克
薑片15公克

調味料
陳皮5公克
鹽1小匙
植物油4大匙

作法

1. 馬鈴薯洗淨,削去外皮,切細絲,放入涼水中浸泡片刻,放入沸水鍋內氽燙一下,撈出過涼。

2. 胡蘿蔔去根和外皮,洗淨,切絲;榨菜切絲,放入清水中浸泡。

3. 陳皮放入清水中泡好,擰乾水分,放入熱油鍋中,加上薑片炸5分鐘,熄火後撈出薑片、陳皮,薑油倒入大碗內。

4. 馬鈴薯絲瀝淨水分,放容器內,加入胡蘿蔔絲、榨菜絲、鹽和薑油拌勻,裝盤上桌即可。

point

馬鈴薯營養豐富,又有地下蘋果、第二麵包之美稱,搭配富含胡蘿蔔素、B族維生素、維生素C的胡蘿蔔和榨菜等拌製成菜,不僅色澤美觀,還有和中養胃、健脾利濕的功效,能促進脾胃的消化功能。

糟滷蠶豆粒

味型 糟香味　美味 ★★★　時間 6小時　難度 ★★

材料
新鮮蠶豆500公克

調味料
薑塊15公克
月桂葉5公克
丁香3粒
鹽適量
冰糖3大匙
糟滷汁100毫升
料理米酒2大匙

作法

1 將新鮮蠶豆剝去外皮,取蠶豆粒,以淡鹽水浸泡並洗淨,再放入清水鍋中,以大火煮約5分鐘至熟,撈出蠶豆粒,以冷水過涼,瀝去水分。

2 淨鍋置火上,加入適量清水,放入月桂葉、丁香、薑塊、鹽、冰糖燒沸,熄火後晾涼。

3 再加入糟滷汁、料理米酒調拌均勻成糟汁(如果在湯汁熱時加入糟汁,會使糟香散發流失)。

4 將煮熟的蠶豆粒放入糟汁中拌勻,浸滷約6小時,撈出裝盤,即可上桌食用。

point

在製作新鮮蠶豆菜肴時,需要先把蠶豆放入淡鹽水中清洗並浸泡幾分鐘,再放入沸水鍋內汆燙(或煮熟),取出鮮蠶豆,放入冷水中過涼後再製作菜肴,可有效地去除鮮蠶豆的豆腥味。

芥味粉絲菜

味型 芥末味　　美味 ★★★　　時間 30分鐘　　難度 ★★

🍴材料

菠菜200公克
大白菜150公克
粉絲125公克
金針菇100公克
乾黑木耳絲50公克

調味料

鹽2小匙
醬油少許
白醋1大匙
花椒油 2大匙
芥末油適量

🍴作法

1 將菠菜去根和老葉，以清水洗淨，放入沸水鍋內汆燙一下，撈出過涼，瀝乾，切小段。

2 白菜去掉菜根，取嫩白菜葉，洗淨，撕成小條，放入沸水鍋內燙至熟透，撈出，過涼，瀝水。

3 金針菇去根，洗淨，切小段，與粉絲、乾木耳絲一起放入沸水鍋中汆燙一下，撈出，瀝淨水分。

4 將芥末油、白醋、鹽、醬油、花椒油放在容器內，調拌均勻成味汁。

5 再加入切成段的菠菜、白菜、金針菇、粉絲、木耳絲拌勻，食用時裝盤上桌即可。

point

芥味粉絲菜是家常風味涼拌菜肴，主料選用的菠菜、白菜、金針菇、粉絲和木耳等，不僅富含各種維生素和微量元素，搭配拌製成菜，具有色澤淡雅，口味濃鮮的特色。

芥末粉絲菜雖然在口味上可以有多種的變化，但需要注意，深色的調味料，如醬油、米醋等要儘量少放，以免影響料理的色澤。

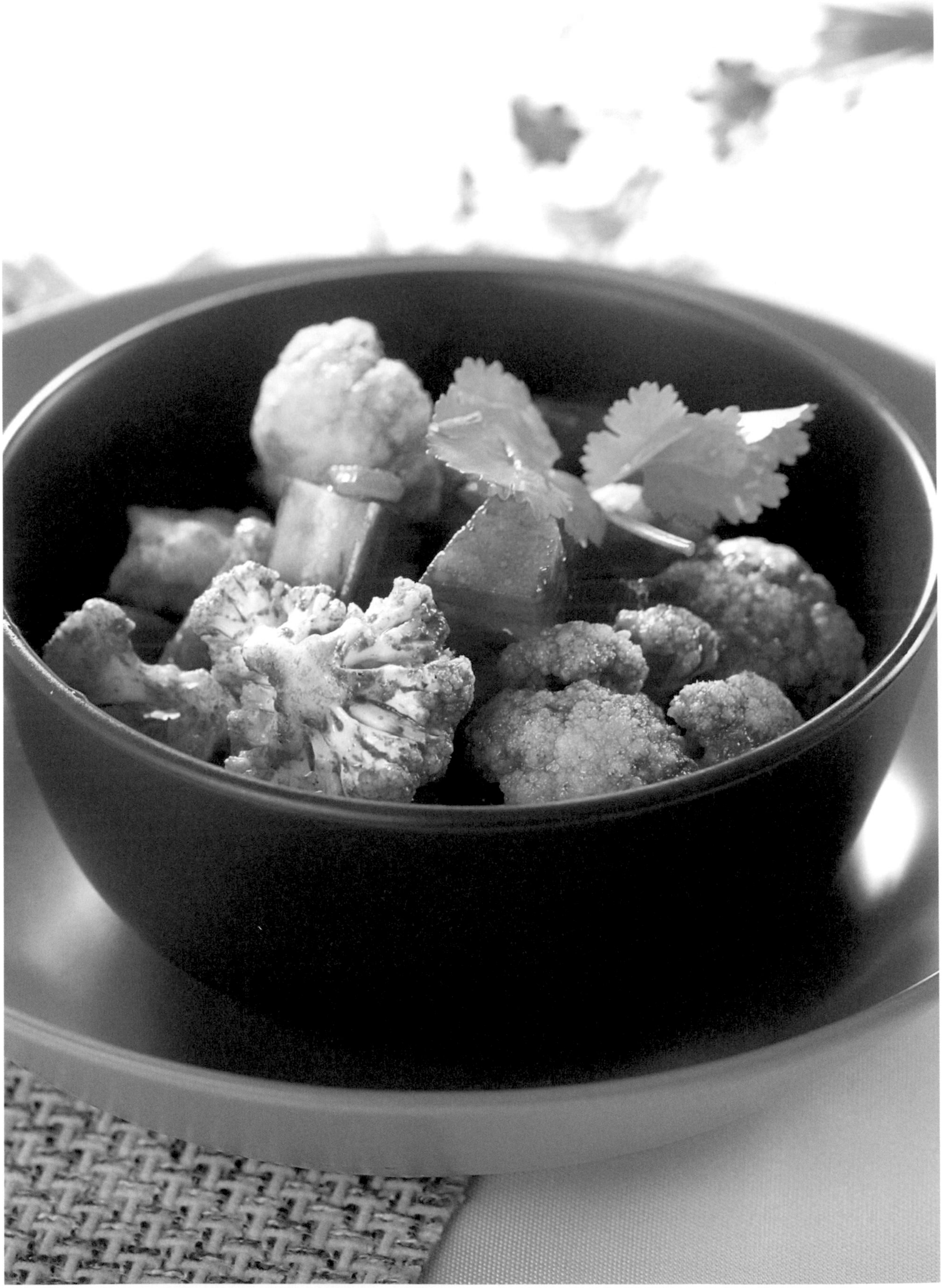

花椰菜藕丁

味型 糖醋味　美味 ★★★　時間 25分鐘　難度 ★★

🍴材料

白花椰菜300公克
蓮藕150公克
青椒30公克
紅椒25公克

🫙調味料

鹽2小匙、白糖 4小匙
醬油1小匙、咖哩粉3大匙
米醋2大匙、料理米酒2小匙
太白粉1大匙、植物油適量

point

花椰菜營養豐富，但常有殘留的農藥及菜蟲，在食用花椰菜前，可將放淡鹽水裡浸泡幾分鐘，菜蟲就跑出來了，還可有助於去除殘留農藥，保證身體健康。

有些人的皮膚一旦受到小小的碰撞和傷害就會變得青一塊紫一塊，這是因為體內缺乏維生素K的緣故。補充的最佳途徑就是多吃花椰菜，使血管壁加強，不容易破裂。

🍴作法

1 將花椰菜去莖，分取小朵，以淡鹽水浸泡並洗淨，再放入沸水鍋中汆燙一下，撈出，瀝淨水分，加入少許鹽拌勻。

2 將咖哩粉放入小碗中，先加入少許清水調拌均勻成咖哩粉糊。

3 將咖哩粉糊倒入燒至八分熱的油鍋內炒勻出香味，放入花椰菜調拌均勻，擺放在盤內。

4 將蓮藕去掉藕節，削去外皮，洗淨，切小丁；青椒、紅椒分別洗淨，均切小片。

5 小碗中加入白糖、米醋、料理米酒、醬油、鹽和少許清水調勻成味汁。

6 熱鍋，加入植物油燒熱，放入藕丁稍炸一下，再放入青椒片、紅椒片過油，撈出瀝油。

7 熱鍋，倒入味汁炒沸，以太白粉調水勾芡，再放入炸好的藕丁和青紅椒片拌勻，起鍋後倒入盛有花椰菜的盤中即可。

各地製作涼粉的材料有所不同，傳統上的涼粉是綠豆，其製作方法是把綠豆研磨成粉，加入適量清水攪拌成糊狀；鍋內清水燒至微沸，加入白礬並倒入已調好的綠豆糊，攪拌均勻，起鍋晾涼即成。製作好的涼粉白色透明、呈水晶狀，調以醬油、米醋、辣椒油等拌食，清涼爽滑，為夏季風味食品。

中國華南地區的涼粉是用涼粉草及白米製作而成，為綠色或黑色膠狀凝固物，暑天可作解渴品；西北地方涼粉是指用米、豌豆或各種薯類澱粉所製作的涼拌粉。

什錦涼粉

味型	美味	時間	難度
鹹酸味	★★★	15分鐘	★★

材料

涼粉400公克
榨菜50公克
牛角椒25公克
薑末15公克

調味料

鹽1小匙
醬油2小匙
白醋1大匙
香油適量

作法

1 將涼粉洗淨，放入清水中浸泡幾分鐘，撈出瀝淨水分，切長條。

2 榨菜削去外皮，以清水浸泡並洗淨，瀝淨水分，切小粒；牛角椒去蒂、去籽，洗淨，瀝水，切碎粒。

3 將涼粉條放入容器內，撒上榨菜粒、薑末、牛角椒粒調勻。

4 再加入鹽、醬油、白醋、香油調好口味，裝盤上桌即可。

Part 2 美味
熱菜

酸辣菜豆腐又稱菜豆腐，為四川川東白帝城一帶的家常菜。酸辣菜豆腐是把淘洗好的黃豆和白米磨成漿後，放入鍋內與蔬菜一起煮製，再點上石膏水成菜豆腐（如果不點石膏，成品稱為渾漿菜豆腐），配以調好的各種調味料食用。酸辣菜豆腐在川東地區幾乎家家戶戶會做，大人小孩喜食，既經濟又實惠。

豆腐中只含有豆固醇，而不含膽固醇，豆固醇具有抑制人體吸收膽固醇的作用，搭配富含維生素和礦物質的蔬菜製作成菜，有預防一些心血管系統疾病的食療功效。

酸辣菜豆腐

| 味型 酸辣味 | 美味 ★★★ | 時間 6小時 | 難度 ★★★ |

材料

黃豆150公克
白米100公克
小白菜50公克
大頭菜30公克

調味料

石膏粉5公克
鹽1小匙
辣椒粉4小匙
花椒粉2小匙
豆豉1大匙
醬油2大匙
米醋3大匙
植物油適量

作法

1 黃豆和白米淘洗乾淨，放入清水中浸泡，待其泡漲後（約5小時），混合放入食物調理機內打成豆漿。

2 石膏粉放入碗中，加上清水100公克拌均勻成石膏水；小白菜、大頭菜分別洗淨，剁成細末。

3 鍋置火上，放入豆漿燒煮至熟透時，放入小白菜調勻，加入鹽，慢慢淋入石膏水，熄火即為菜豆腐，分盛在大碗裡。

4 鍋置火上燒熱，加入植物油燒熱，放入大頭菜、豆豉、醬油、米醋、辣椒粉、花椒粉炒勻，放在菜豆腐上即成。

香辣馬鈴薯絲

味型 香辣味	美味 ★★★	時間 15分鐘	難度 ★★

材料

馬鈴薯400公克
芹菜1株
乾辣椒15公克

調味料

鹽1小匙
豆瓣醬1大匙
素高湯2大匙
植物油適量

作法

1. 將馬鈴薯洗淨，削去外皮，切長短一致的細絲，放入清水中漂淨，烹製前撈出馬鈴薯絲，瀝淨水分。

2. 乾辣椒以溫水浸泡至軟，撈出去蒂、去籽，洗淨，切絲；豆瓣醬剁細；芹菜洗淨，切段。

3. 熱鍋，加入植物油燒至六分熱，入豆瓣醬炒香至油呈紅色。

4. 入辣椒絲、馬鈴薯、芹菜段絲炒散，加入鹽及素高湯翻炒均勻，起鍋裝盤即可上桌。

point

香辣馬鈴薯絲是家常風味料理，製作上需要注意馬鈴薯絲要現切現漂入水中，以免變色和黏條；口味不宜過鹹；炒至去生即可。

水煮蒟蒻

🥢材料

蒟蒻 400 公克、萵筍 50 公克

🫙調味料

辣椒乾10公克、花椒5公克、鹽1小匙
醬油4小匙、豆瓣醬1大匙
素高湯250公克、植物油3大匙

🍴作法

1 將蒟蒻切段狀厚片,放入清水中浸漂,撈出瀝乾,加上鹽拌勻。

2 萵筍去皮,切小片;辣椒乾、花椒放入油鍋內炸成棕紅色,取出,剁成細末。

3 熱鍋,加入植物油燒至五分熱,加入萵筍和鹽炒熟,起鍋,放在盤內墊底。

4 鍋中加入植物油燒熱,入豆瓣醬炒至油呈紅色,放入素高湯、醬油燒沸。

5 倒入蒟蒻片撥散,略燒至入味,起鍋,把蒟蒻片放在炒好的蔬菜上,再撒上剁細的辣椒乾和花椒粉,以少許燒熱的油淋出香味即成。

味型 鮮辣味	美味 ★★★	時間 25 分鐘	難度 ★★

point

蒟蒻本身沒有什麼味道,它只有跟其他材料配合時充分吸收湯汁的味道,才會好吃。家庭中可以先把蒟蒻冷凍成蜂窩狀,再製作成菜,蒟蒻就更容易吸收湯汁,更利於入味。

煎炒豆腐

🥢材料

老豆腐 300 公克、油菜 75 公克
紅辣椒乾 15 公克

🫙調味料

鹽 1/2 小匙、素高湯 3 大匙、植物油適量

🍴作法

1 老豆腐以水洗淨,切6公分長0.5公分寬長條;紅辣椒洗淨,切5公分長的絲。

2 油菜去根,取嫩油菜葉,洗淨,放入沸水鍋內略燙,撈出並瀝淨水分。

3 熱鍋,加入植物油燒至六分熱,放入豆腐條煎炒至金黃色。

4 加入鹽、素高湯、辣椒絲和油菜炒勻,起鍋裝盤即可上桌。

味型 鮮辣味	美味 ★★★	時間 20 分鐘	難度 ★★

point

煎豆腐條時需要先把鍋燒熱,再加入植物油燒熱,放入豆腐條後動作要輕,以免豆腐條黏鍋,或豆腐條煎碎。

八寶山藥

味型 香甜味　美味 ★★★　時間 40分鐘　難度 ★★

材料

山藥300公克
果乾75公克
葡萄乾25公克
核桃仁15公克
豆沙餡適量

調味料

白糖100公克
太白粉1大匙
植物油少許

作法

1　將山藥刷洗乾淨，放入蒸鍋內，以大火蒸熟，取出晾涼，去皮，切小段，以刀面拍成泥。

2　取一個大碗，在內側抹上植物油，放上少許果乾，放入山藥泥，然後撒上一層果乾和核桃仁，放上豆沙餡，再放上山藥泥並壓實成八寶山藥。

3　將八寶山藥碗放入蒸鍋內，以大火蒸約20分鐘，取出，扣在盤內。

4　淨鍋置火上，加入白糖和少許清水燒沸，以太白粉調水勾芡，起鍋澆在八寶山藥上即可。

point

山藥質地細嫩，營養豐富，自古以來就被視為物美價廉的補虛佳品，在烹調中可用多種技法加工成菜，其中常用的方法有拌、炒、燒、煮、燜、蒸、炸、拔絲等，也可以作成糖葫蘆一類的小吃、點心等。

香辣藕絲

Vegetarian food

54

味型 香辣味	美味 ★★★	時間 20分鐘	難度 ★★

材料
蓮藕400公克
熟芝麻25公克
小紅辣椒15公克

調味料
鹽1小匙
太白粉3大匙
植物油500毫升（約耗50毫升）

作法

1 蓮藕去掉藕節，削去外皮，以清水浸泡並洗淨，撈出，切細絲，放容器內，撒上太白粉，充分調拌均勻，使藕絲黏上一層澱粉；小紅椒切碎粒。

2 熱鍋，加入植物油燒至六分熱，放入蓮藕絲炸至金黃色，撈出瀝油。

3 原鍋中留底油，置火上燒熱，放入炸好的藕絲翻炒均勻。

4 再加入鹽稍炒，撒上熟芝麻、小紅辣椒碎粒炒勻，起鍋裝盤即可上桌。

正確切藕絲的方法是先把蓮藕切段，再把蓮藕段豎起來，切片，再把蓮藕片切長長的，根根分明的漂亮藕絲即可。蓮藕不要橫著切，如果橫著切片後再切絲，蓮藕會很碎，成不了絲。

五彩時蔬

味型	美味	時間	難度
鮮鹹味	★★★	20 分鐘	★★

材料

菱白筍200公克
青椒100公克
紅椒75公克
新鮮香菇50公克
冬筍少許
薑末10公克

調味料

鹽1小匙
醬油2小匙
白糖1/3小匙
太白粉1大匙
香油少許
植物油適量

作法

1. 將菱白筍去根和外皮,青椒、紅椒去蒂和籽,分別洗淨,均切小條;新鮮香菇以清水洗淨,去蒂,切條;冬筍去根,洗淨,瀝水,切小條。

2. 熱鍋,加入植物油燒至六分熱,先放入冬筍條沖炸一下,再放入菱白筍條沖炸約2分鐘,放入香菇條炸香,一起取出、瀝油。

3. 鍋中留底油,複置火上燒熱,入薑末煸炒出香味,再放入白糖、鹽和醬油,以大火燒沸炒濃。

4. 放入菱白筍、香菇、冬筍和青紅椒條翻炒均勻,以太白粉調水勾薄芡,淋上香油炒勻,熄火起鍋,裝盤即可上桌。

point

菱白筍是由同種植物菰演變而來,為中國原產植物,長江流域以南特別是太湖流域栽培較多。菱白筍肥大肉厚,色白如玉、軟嫩如筍、纖維少,滋味鮮美甜脆。菱白筍用於烹調,無論蒸、炒、燉、燒、煮、拌、燴等方法,都是又香又嫩。菱白筍切絲後用於包餃子、包子的餡料,風味獨特。另外菱白筍還可以醃泡後供四季食用。

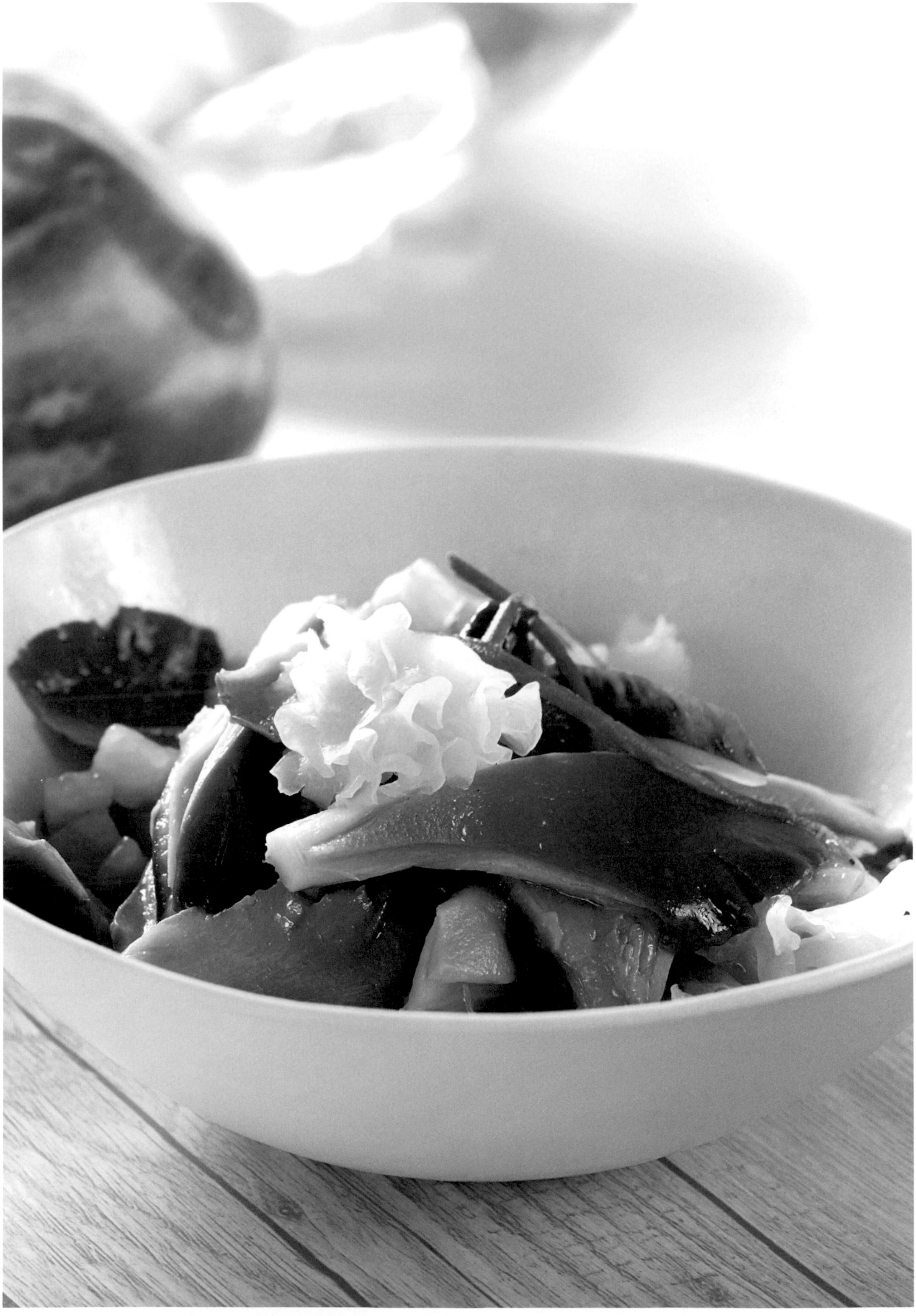

油吃秀珍菇

味型
鮮鹹味

美味
★★★

時間
30分鐘

難度
★★

🥢材料

新鮮秀珍菇400公克
小黃瓜100公克
胡蘿蔔50公克
銀耳15公克
薑塊15公克

🍶調味料

鹽2小匙
白糖1小匙
胡椒粉少許
橄欖油1大匙
植物油2大匙

🍴作法

1 將新鮮秀珍菇去掉根，放在小盆內，加入清水和少許鹽漂洗乾淨，撈出，瀝水，撕成小片。

2 銀耳以溫水浸泡至發漲，再換清水洗淨，取出，去根，撕成小朵。

3 小黃瓜洗淨，對半切開，去除瓜瓤，切成小片，加入少許鹽醃一下。

4 胡蘿蔔去根，削去外皮，洗淨，切絲；薑塊去皮，洗淨，切細末。

5 取小碗1個，加入薑末、鹽、胡椒粉、白糖、橄欖油拌勻，再澆入少許燒熱的植物油調勻成味汁。

6 鍋置火上，加入適量清水燒沸，放入秀珍菇片、胡蘿蔔絲、銀耳汆燙片刻，撈出，瀝淨水分。

7 鍋置火上，加入少許植物油燒至七分熱，放入秀珍菇片、小黃瓜片、胡蘿蔔絲和銀耳略炒，倒入味汁炒勻，起鍋裝盤即可。

point

鮮秀珍菇的表面常常帶有一些黏液或雜質，所以在製作料理前需要把秀珍菇洗淨，除了本菜介紹的把秀珍菇放在淡鹽水中清洗之外，也可以先把秀珍菇放在淘米水中浸泡，再多換幾次清水洗淨。

＼ 秀珍菇小百科 ／

秀珍菇在栽培上種類和品種很多，僅在中國栽培的就有500多種，但其生態、形態有許多相似之處，優良品種主要有鳳尾菇、糙皮側耳、小秀珍菇、桃紅側耳等。而在商品中一般按秀珍菇實體色澤，簡單分為白色秀珍菇、淺色秀珍菇和褐黃色秀珍菇三種，其中褐黃色秀珍菇肉厚、鮮嫩、潤滑，口感最好。

冬冬青

| 味型 鮮鹹味 | 美味 ★★★ | 時間 25分鐘 | 難度 ★★ |

材料

油菜200公克
乾冬菇150公克
冬筍100公克
薑末10公克

調味料

鹽2小匙
花椒油1小匙
素高湯3大匙
太白粉1大匙
植物油2大匙

作法

1. 將油菜去根，擇洗乾淨，切小段；乾冬菇泡軟、去蒂，洗淨，切小條；冬筍去根和外皮，洗淨，切小塊。

2. 起鍋點火，加入適量清水、少許植物油、鹽燒煮至沸，再入油菜、冬菇條、冬筍塊汆燙至透，撈出，瀝淨水分。

3. 鍋中加入植物油燒熱，先入薑末炒香，再放入冬菇條、冬筍塊和油菜煸炒片刻。

4. 加入鹽及素高湯燒沸，以太白粉調水勾芡，淋入花椒油，即可裝盤上桌。

point

冬冬青又稱雙冬菜心，為江南風味菜肴，因材料使用青菜、冬菇、冬筍而得名。

綠色的青菜、黑色的冬菇、白色的冬筍搭配成菜，不僅色澤美觀、軟滑清香，而且營養豐富，特別適宜減肥瘦身的女性食用。

如果使用乾冬菇製作此菜，可以把乾冬菇浸泡片刻並洗淨，放入容器內，加入薑片和適量清水，放入電鍋蒸10分鐘，取出，瀝乾水分，去蒂後切條後炒製成菜；蒸乾冬菇的湯汁去掉薑片，過濾去掉雜質後可以代替素高湯使用。

地三鮮

味型	美味	時間	難度
鮮鹹味	★★★	35分鐘	★★

材料

馬鈴薯200公克
茄子100公克
青椒75公克
紅椒50公克
薑塊25公克

調味料

鹽1小匙
白糖1/2小匙
麵粉4小匙
米醋2小匙
醬油1大匙
太白粉5小匙
植物油適量

作法

1 茄子去皮,洗淨,切大塊,在表面劃上花刀;青椒、紅椒去蒂及籽,洗淨,切小條。

2 薑塊去皮,洗淨,切細末,放在小碗內,加上醬油、白糖和米醋攪勻成味汁。

3 馬鈴薯洗淨,放入清水鍋內煮熟,撈出晾涼,剝去外皮,用刀碾碎,放入碗中,加入4小匙太白粉、麵粉、鹽攪勻。

4 鍋中加油燒熱,將馬鈴薯泥捏成丸子,放入油鍋中炸透,撈出,待鍋內油溫升高後,再放入茄子塊炸至熟嫩,撈出。

5 鍋中留底油燒熱,放入調好的味汁燒沸,以剩餘的太白粉調水勾芡,再放入馬鈴薯球、茄子、青椒塊、紅椒塊炒勻,起鍋裝盤即可上桌。

秀珍菇燒白菜

材料

大白菜300公克、秀珍菇150公克、薑片10公克

調味料

鹽1/2大匙、胡椒粉少許、太白粉2小匙
素高湯300毫升、植物油3大匙

作法

1 將大白菜去除菜根，剝去老葉，取白菜嫩菜葉，洗淨，斜刀切大片。

2 秀珍菇去蒂，洗淨，撕成大片，放入沸水鍋內汆燙一下，撈出，以冷水過涼，瀝乾水分。

3 熱鍋，加入植物油燒至六分熱，先入薑片炒香，再加入白菜片炒勻。

4 添入素高湯，放入新鮮袖珍菇片炒勻，然後加入鹽，以大火燒約8分鐘，調入胡椒粉，以太白粉調水勾芡，起鍋裝盤即可上桌。

味型	美味	時間	難度
鮮鹹味	★★★	15分鐘	★★

point

秀珍菇營養豐富且均衡，白菜富含鉀、類胡蘿蔔素等，搭配燒製成菜，有生津止血、補益脾胃、解毒防癌等食療功效。

回鍋豆腐

材料

豆腐 500 公克、青椒 50 公克、薑塊 15 公克

調味料

鹽 1 小匙、白糖 1 大匙、豆瓣醬 1 大匙
醬油 1 大匙、素高湯適量、香油適量、植物油適量

作法

1 將豆腐洗淨，瀝去水分，切長方形大片，放入熱油鍋中炸至金黃色，撈出瀝油；青椒洗淨，切塊；薑塊去皮，切末。

2 熱鍋，加入少許植物油燒至六分熱，先入薑末和豆瓣醬炒出香辣味。

3 加入素高湯燒沸，放入白糖、鹽、醬油調好口味。

4 放入豆腐片和青椒塊，以小火燒2分鐘，改以大火收濃湯汁，淋入香油炒勻，起鍋裝盤即可上桌。

味型	美味	時間	難度
香辣味	★★★	20分鐘	★★

point

回鍋豆腐色澤紅亮、口味香辣，為四川鄉土風味菜肴。製作時要注意炸豆腐要掌握好火候；用小火燒至入味，以外酥內嫩為度。

咕咾肉

| 味型 酸甜味 | 美味 ★★★ | 時間 30 分鐘 | 難度 ★★ |

材料

油條200公克
山藥150公克
鳳梨塊（罐頭）50公克
青椒30公克
紅椒25公克

調味料

鹽1小匙
白糖2大匙
米醋2小匙
番茄醬1大匙
太白粉4小匙
植物油適量

作法

1. 青椒、紅椒去蒂、去籽，洗淨，均切三角塊；鹽、白糖、米醋、番茄醬放碗中調勻成醬汁。

2. 山藥去皮，以清水洗淨，放入蒸鍋中蒸熟，取出晾涼，碾成山藥泥，放入容器中，加入3小匙太白粉、鹽和少許清水調拌均勻。

3. 油條以剪刀縱向剪開，將山藥泥釀入油條中，切小段，放入油鍋內炸至金黃色，撈出瀝油。

4. 鍋中留底油燒熱，倒入醬汁和鳳梨塊炒勻，以太白粉調水勾芡，放入炸好的油條、山藥段和青椒塊、紅椒塊炒勻，起鍋裝盤即可上桌。

point

咕咾肉是廣東傳統風味料理，其色澤美觀，酸甜適口，香氣四溢。素咕咾肉是把原咕咾肉的主料改為釀好的山藥泥，經過炸製後用酸甜味汁翻炒均勻而成，不僅保持了原咕咾肉的特色，而且還有素咕咾肉營養、養生的效果。

糖醋素排

味型 糖醋味	美味 ★★★	時間 35 分鐘	難度 ★★

材料

蓮藕400公克
青椒50公克
紅椒30公克
乾黑木耳25公克
薑塊10公克

調味料

鹽1小匙
白糖4小匙
白醋2大匙
醬油2小匙
太白粉6大匙
麵粉4大匙
植物油適量

作法

1 薑塊洗淨，切小片；木耳泡軟，撕小塊；青椒、紅椒去蒂、籽，洗淨切小塊。

2 將蓮藕去掉藕節，削去外皮，以清水洗淨，改刀切條；麵粉、5大匙太白粉、少許清水及植物油放入碗中拌勻成麵糊。

3 鍋中加油燒熱，將藕條蘸上麵糊，放入油鍋內炸至金黃，再倒入木耳、青、紅椒略炒一下，撈出瀝油。

4 鍋中留底油燒熱，入薑片炒出香味，再加入鹽、醬油、少許清水、白醋和白糖燒沸。

5 以太白粉調水勾芡，放入炸好的藕條及木耳翻炒均勻，起鍋裝盤即成上桌。

point

糖醋素排骨色澤紅亮油潤，口味香脆酸甜，製作上需要注意，蓮藕切條要勻稱；素排骨入油鍋炸時要掌握好火候，以免炸焦。炒汁時白糖和白醋要最後放入，成菜的酸甜口味才能出來。

梅汁花椰菜

味型 酸甜味	美味 ★★★	時間 20分鐘	難度 ★★

材料

白花椰菜300公克
青椒30公克
紅椒25公克
話梅15公克

調味料

鹽2小匙
白糖4小匙
麵粉2大匙
番茄沙司3大匙
蘇打粉少許
太白粉1大匙又5小匙
植物油500毫升

作法

1 青椒、紅椒分別去蒂及籽,洗淨,切小塊;話梅去掉果核,以溫水浸泡出話梅汁。

2 花椰菜去掉根,取嫩花瓣,以清水洗淨,切小朵,放入清水中汆燙一下,撈出瀝乾。

3 取小碗1個,加入麵粉、5小匙太白粉、蘇打粉、少許鹽、清水、植物油調勻成軟炸糊,放入花椰菜沾裹,再放入熱油鍋中炸至金黃色,撈出瀝油。

4 鍋中留底油燒熱,放入番茄沙司、話梅汁、白糖、鹽燒沸。

5 以剩餘的太白粉調水勾芡,放入炸好的花椰菜,再加入青椒塊、紅椒塊炒勻,起鍋裝盤即可上桌。

point

在處理花椰菜時,可先用手把花椰菜掰成小花瓣,以求得花瓣完整,另外花椰菜的根莖鮮嫩,也可食用,但對於較長的根莖,可用刀橫切片,再與花瓣同炒成菜。

花椰菜含有豐富的維生素C和其他營養素,搭配口味酸香的話梅製作成菜,不僅色澤美觀,口味酸香,還有很好的消食開胃功效。

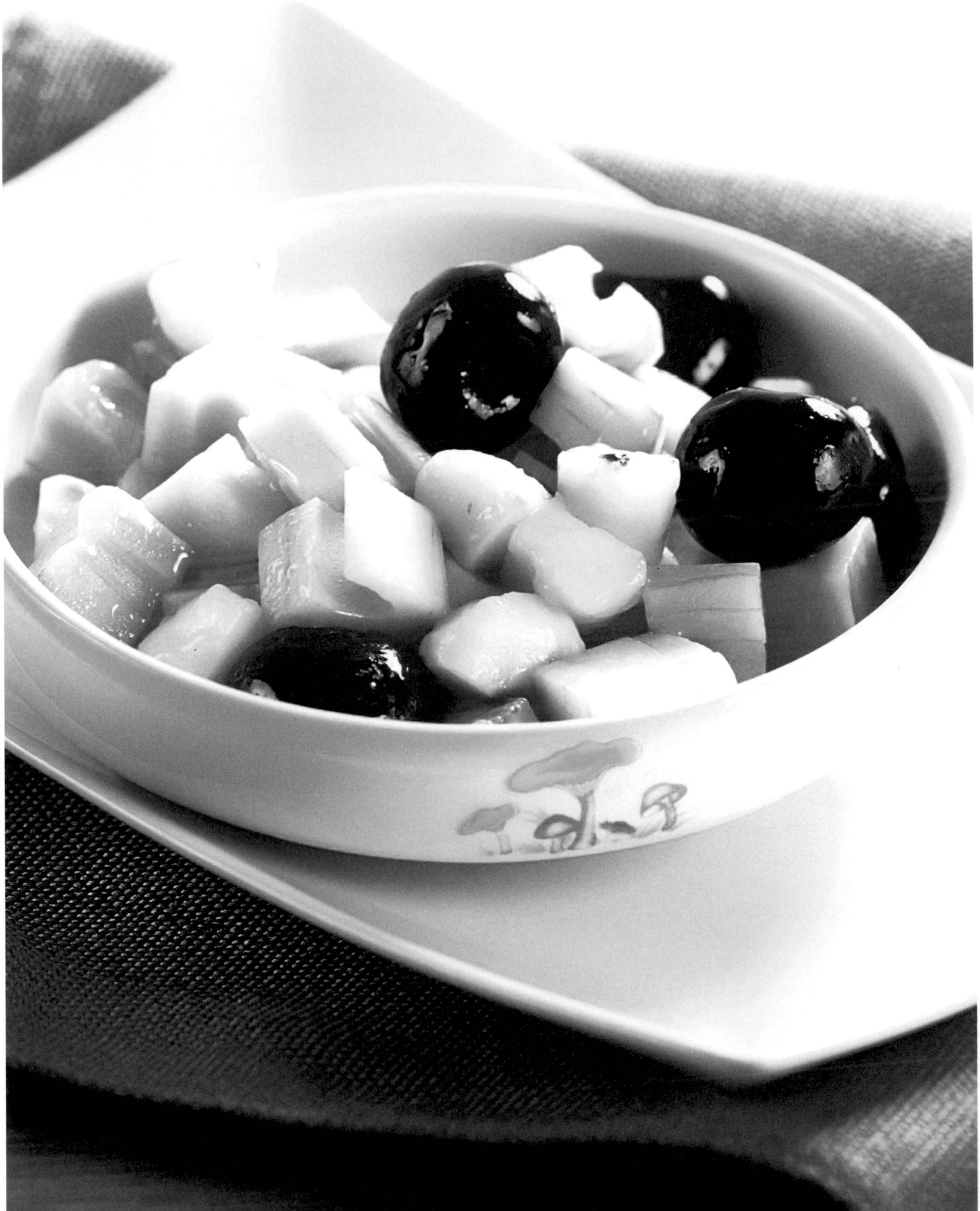

櫻桃炒三脆

味型	美味	時間	難度
香甜味	★★★	30 分鐘	★★

材料

櫻桃200公克
蓮藕100公克
山藥75公克
荸薺50公克
山楂25公克
陳皮5公克
甘草3公克

調味料

鹽1小匙
米醋2小匙
冰糖75公克
白糖1大匙
太白粉4小匙
植物油適量

point

櫻桃含有豐富的胡蘿蔔素和鐵等營養素，山藥、蓮藕、馬蹄等富含維生素C，具有滋補功效，搭配製作成菜，有滋養五臟、消食開胃的功效，是四肢不仁、風濕腰腿痛、體質虛弱、面色黯淡、軟弱無力、關節麻木患者的食療佳品。

作法

1 櫻桃去蒂和果核，取櫻桃果肉，以淡鹽水浸泡並洗淨，撈出，瀝去水分；山藥洗淨，放入蒸鍋內蒸至熟，取出山藥，晾涼，剝去外皮，切小塊。

2 蓮藕去掉藕節，削去外皮，洗淨，切小片；荸薺去皮，洗淨，也切小片；山楂去掉果核，取山楂果肉，洗淨，切片。

3 取一大碗，先加入米醋和適量清水，再放入山藥塊、蓮藕片、荸薺片拌勻，浸泡幾分鐘，撈出。

4 淨鍋置火上，放入清水和少許鹽燒沸，倒入蓮藕片、荸薺片和山藥塊汆燙一下，撈出蓮藕、荸薺和山藥，以冷水過涼，瀝淨水分。

5 熱鍋，加入植物油燒至五分熱，放入山藥塊、蓮藕片和荸薺片稍炒，加入白糖炒勻，以太白粉調水勾芡，起鍋放在盤中。

6 鍋中加入適量清水，再放入甘草、陳皮、山楂片、櫻桃煮至沸，撈去浮沫。

7 加入冰糖、鹽，小火熬煮至黏稠，起鍋倒入盛有山藥的盤內，即可上桌。

蘑菇花椰菜

味型
鮮鹹味

美味
★★★

時間
40 分鐘

難度
★★

材料

白花椰菜500公克
蘑菇50公克
青椒15公克
紅椒15公克

調味料

花生醬1大匙
鹽2小匙
太白粉適量
素高湯適量
植物油適量
香油適量

作法

1 將花椰菜去根莖,以清水洗淨,掰成小瓣;蘑菇以溫水浸泡至軟,撈出瀝水,切小塊;青椒、紅椒分別去蒂,洗淨,切小塊。

2 淨鍋置火上,加入清水和少許鹽燒沸,倒入花椰菜和蘑菇汆燙一下,撈出瀝水。

3 熱鍋,加入植物油燒熱,入青椒、紅椒塊炒出香味,放入花椰菜和蘑菇炒勻。

4 加入素高湯和花生醬燒沸,轉中火燒至湯汁濃稠,放入鹽調好口味,以太白粉調水勾薄芡,淋入香油,起鍋即成。

point

製作上需注意,蘑菇、花椰菜要擇洗乾淨,先以中小火燒至軟嫩,起鍋前加入鹽調好口味即可。

風味馬鈴薯丸

味型	美味	時間	難度
五香味	★★★	20分鐘	★★★

材料

馬鈴薯400公克
白芝麻100公克
薑塊25公克

調味料

鹽1小匙
五香粉1/2大匙
太白粉2大匙
植物油適量

作法

1 薑塊去皮,洗淨,切碎末,加上鹽剁成薑泥,放入碗中,再加入五香粉拌勻成五香薑泥料。

2 馬鈴薯去皮,洗淨,放入蒸鍋中,以大火蒸熟,取出馬鈴薯,晾涼,壓成馬鈴薯泥。

3 馬鈴薯泥放入大碗中,加入五香薑泥料、少許清水、太白粉攪拌均勻。

4 將拌好的馬鈴薯泥擠成大小均勻的丸子,滾黏上一層芝麻成馬鈴薯丸子生坯。

5 熱鍋,加入植物油燒至六分熱,入馬鈴薯丸子生坯炸至金黃色,撈出瀝油,即可裝盤上桌。

南瓜炒百合

材料
南瓜500公克、百合100公克、青椒25公克
紅椒15公克、薑末5公克

調味料
鹽1小匙、太白粉1大匙、香油2小匙
植物油1大匙

作法

1 將南瓜去皮、去瓤,洗淨,切長條片,再放入沸水鍋中燙熟,撈出瀝水;青椒、紅椒分別去蒂、去籽,洗淨,切小片。

2 百合去掉黑根,掰成小瓣,放入淡鹽水中浸泡並洗淨,取出,再與青椒片、紅椒片一起放入沸水鍋中汆燙一下,撈出,瀝淨水分。

3 鍋中加入植物油燒至五分熱,先入薑末炒香,再放入南瓜、百合、青椒、紅椒略炒。

4 加入鹽翻炒均勻,以太白粉調水勾芡,淋入香油,即可起鍋裝盤。

味型	美味	時間	難度
鮮鹹味	★★★	15分鐘	★★

point

南瓜營養豐富,口味香甜,對胃病、高膽固醇者有比較好的效果;百合可以潤膚止咳、清心安神,搭配紅綠雙色的青紅椒等製作成菜,不僅口味鮮鹹,色澤美觀,而且營養豐富,有止咳、化痰、養胃、美顏的食療功效。

素炒秀珍菇

材料
秀珍菇400公克、薑塊15公克

調味料
鹽 1 小匙、白糖 2 小匙、太白粉適量
醬油 1/2 大匙、植物油 1 大匙、香油 1/2 大匙

作法

1 秀珍菇去蒂,以清水浸泡並洗淨,撈出,瀝乾水分,切(或撕成)厚片;薑塊去皮,洗淨,切細絲。

2 淨鍋置火上,加上清水和少許鹽燒沸,倒入菇片汆燙至透,撈出瀝水。

3 熱鍋,加入植物油燒至六分熱,先入薑絲熗鍋,再放入菇片煸炒片刻,添入少許清水。

4 加入醬油、白糖、鹽炒出香味,以太白粉調水勾薄芡,淋入香油,起鍋裝盤即可。

味型	美味	時間	難度
鮮鹹味	★★★	15分鐘	★★

point

素炒秀珍菇在口味上可以有多種變化,比如可以加入少許乾紅辣椒炒製成香辣口味;或加入甜麵醬等炒成醬香口味等。

銀杏炒時蔬

 味型
鮮鹹味

 美味
★★★

時間
20 分鐘

難度
★★

材料

銀杏150公克
西洋芹100公克
山藥100公克
百合50公克
鮮香菇50公克
乾黑木耳25公克
枸杞10公克
薑末5公克

調味料

鹽2小匙
太白粉1/2小匙
植物油適量

作法

1 西洋芹擇洗乾淨,切片;山藥去皮,洗淨,切薄片;百合去根、去皮,洗淨,掰成小瓣。

2 鮮香菇去蒂,洗淨,切小塊;乾黑木耳泡水去蒂,洗淨,均撕成小朵。

3 熱鍋,加入植物油燒熱,先入薑末炒出香味,再放入芹菜片、山藥片、香菇塊、木耳、銀杏、百合瓣翻炒均勻。

4 加入鹽炒勻調味,以太白粉調水勾芡,撒上枸杞,起鍋裝盤即可上架。

point

銀杏又名白果,其含有豐富的蛋白質、脂肪、果糖、粗纖維,並有少量的維生素B$_1$、維生素B$_2$和鉀、鐵、鈣、磷等礦物質。中醫認為銀杏有小毒,具有化痰、止咳、補肺、通經和利尿等功效,可用於哮喘、痰咳、白帶、遺精等症的治療。

家常素丸子

味型
鮮鹹味

美味
★★★

時間
25 分鐘

難度
★★

材料

馬鈴薯250公克
胡蘿蔔150公克
粉絲25公克

調味料

麵粉3大匙
太白粉5小匙
鹽2小匙
五香粉1小匙
香油1大匙
植物油適量

作法

1 胡蘿蔔、馬鈴薯分別去皮,以清水洗淨,瀝淨水分,切成細絲;粉絲以溫水浸泡至發漲,瀝水,切碎末。

2 粉絲末、胡蘿蔔絲、馬鈴薯絲放在容器內,先加入鹽拌勻,瀝去水分。

3 再放入麵粉和太白粉拌勻,再加入少許鹽、香油、五香粉,充分攪拌均勻成餡料,再取少許調好的餡料,以手團成直徑2公分大小的素丸子生坯。

4 熱鍋,加入植物油燒至六分熱,放入素丸子生坯炸至熟脆,撈出瀝油,即可裝盤上桌。

point

家常素丸子的種類有很多,除了本菜介紹用馬鈴薯、胡蘿蔔、粉絲等調製成素丸子外,家庭還可以用其他食材替換,其中比較常用的素食材有白蘿蔔、茄子、茭白筍、萵筍、香菇等。

素脆鱔

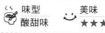

| 味型 酸甜味 | 美味 ★★★ | 時間 25 分鐘 | 難度 ★★ |

材料

乾香菇100公克
熟芝麻15公克
薑塊10公克

調味料

鹽1小匙
素高湯3大匙
白糖4小匙
醬油2小匙
香醋2大匙
太白粉100公克
植物油300毫升（約耗50毫升）

作法

1 薑塊去皮，洗淨，切細末；乾香菇以溫水泡發，洗滌整理乾淨，瀝乾水分，以剪刀剪成鱔魚絲狀，放入碗中，加入太白粉及少許清水抓拌均勻。

2 取一小碗，加入香醋、白糖、醬油、鹽、素高湯調拌均勻成味汁。

3 鍋中加入植物油燒至六分熱，逐條放入香菇絲炸至酥脆且呈金黃色時，撈出瀝油。

4 鍋中留底油，複置火上燒至七分熱，入薑末炒香，再倒入調好的味汁炒濃。

5 加入炸好的香菇絲，快速翻炒均勻，起鍋裝盤，撒上熟芝麻即可。

point

素脆鱔是把香菇剪成鱔魚絲的形狀，再爆炒而成，成菜鱔絲形可亂真，食之酥香，酸甜可口。

食材選擇上使用的是乾香菇，家庭中也可以使用鮮香菇，成菜方面乾香菇的味道更濃郁，而如果想要顏色好看，可以使用鮮香菇，還可以加些青紅椒絲等，可以豐富料理的色澤。

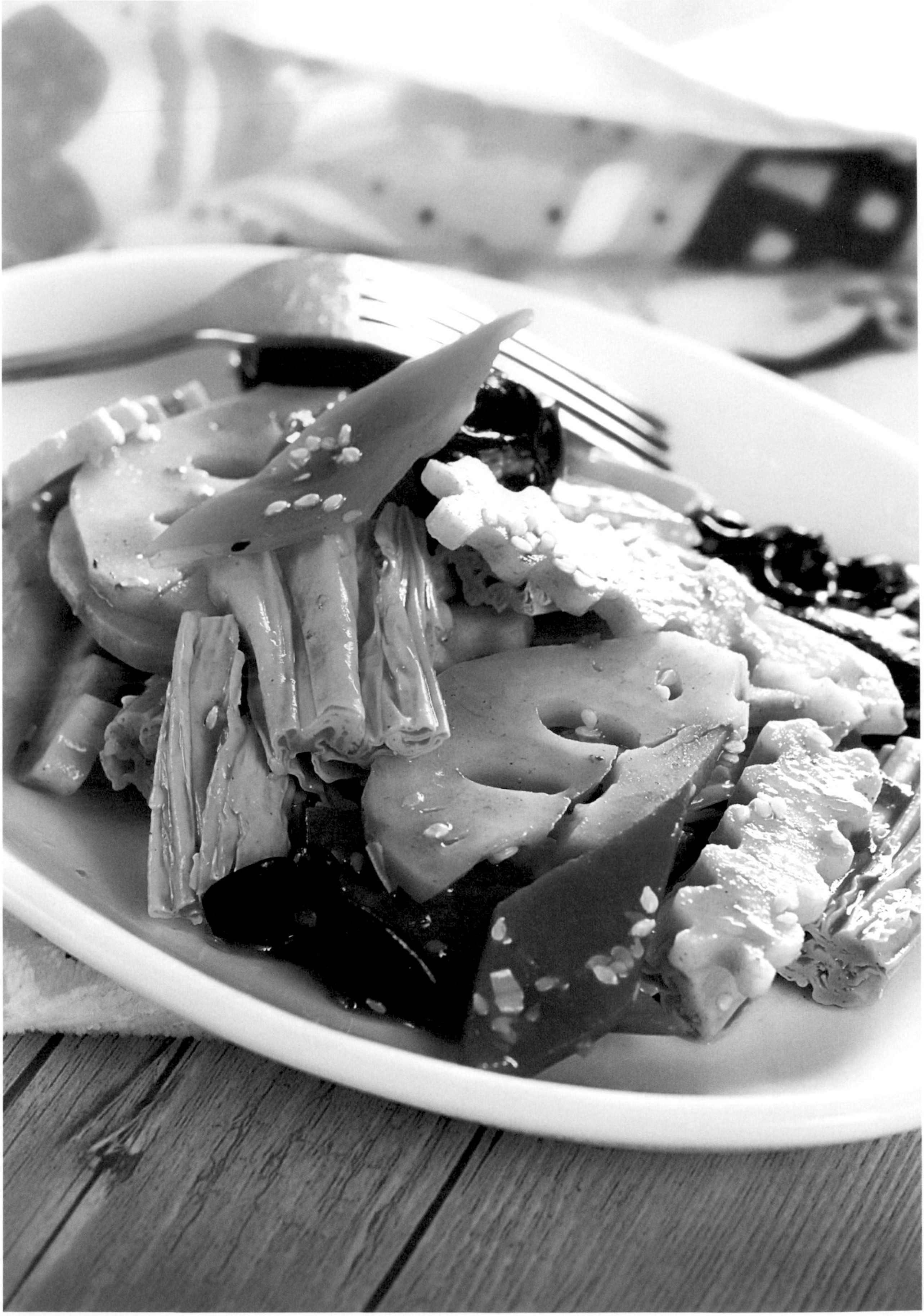

腐乳素什錦

味型：鹹鮮味　美味：★★★　時間：30分鐘　難度：★★

材料

腐竹適量、蓮藕100公克
冬筍75公克、乾黑木耳50公克
青椒25公克、紅椒20公克
熟芝麻10公克

調味料

紅腐乳1塊、薑末10公克、鹽1小匙
白糖1大匙、香油少許、太白粉1小匙
植物油適量

point

腐竹清鮮素淨，為素食中的上等食材，烹調前，需要先以清水泡軟後使用。烹調中腐竹即可單獨成菜，還可以與其他葷素材料配合成菜，應用非常廣泛。腐竹可以用拌、熗、燻、滷等方法加工製作成冷菜上桌，也可用炒、爆、燒、煮、燴等技法加工分熱菜食用。

浸泡腐竹的溫度有一定要求，一般在夏季，可直接用冷水浸泡2小時即可，而冬季最好用溫水浸泡，但無論如何，都不要用熱水乃至沸水浸泡腐竹，否則腐竹易碎不成形，影響菜肴美觀和口感。

作法

1. 蓮藕去掉藕節，削去外皮，洗淨，切小片；冬筍洗淨，切小塊，放入沸水鍋內汆燙一下，撈出；乾黑木耳擇洗乾淨，撕成小塊。
2. 腐乳放入小碗內，加上少許清水搗爛成腐乳汁；青椒、紅椒分別去蒂及籽，洗淨，均切小塊；腐竹用溫水浸泡至漲發，瀝乾水分，切小段。
3. 熱鍋，加入植物油燒至六分熱，放入蓮藕片、冬筍塊滑炒一下，撈出瀝油。
4. 鍋中留底油，複置火上燒熱，入薑末炒香出味，再倒入腐乳汁稍炒呈紅色，加入鹽、白糖調好口味。
5. 放入蓮藕片、冬筍片、腐竹段翻炒均勻，加入少許清水燒沸。
6. 最後放入青椒塊、紅椒塊、木耳塊炒勻，以太白粉調水勾芡，淋入香油，撒上熟芝麻，起鍋裝盤即可上桌。

木耳炒山藥

材料

山藥300公克
乾黑木耳50公克
甜豆100公克
枸杞少許

調味料

鹽2小匙
太白粉適量
植物油1大匙

作法

1 將山藥去皮,以清水浸洗乾淨,瀝乾水分,切薄片,放入清水中浸泡;甜豆洗淨,去筋膜,切段;乾黑木耳泡發,切片。

2 取小碗,放入枸杞,加入太白粉、鹽及少許清水調拌均勻成味汁。

3 鍋中加入適量清水燒沸,依次放入木耳、山藥片、甜豆汆燙一下,撈出沖涼,瀝乾水分。

4 熱鍋,加入適量植物油燒至七分熱,倒入調好的味汁,放入山藥片、木耳、甜豆略炒一下,起鍋裝盤即可。

山藥含有較多的維生素K,搭配含有豐富鈣質和維生素C的木耳和甜豆、富含鐵元素的枸杞等炒製成菜,不僅色澤美觀,口味鮮香,而且可以強化人體對鈣質的吸收,促進血液正常凝固,有助於骨骼生長。

素燒雞卷

味型 鮮鹹味　美味 ★★★　時間 30分鐘　難度 ★★

🥢材料

豆腐皮200公克
馬鈴薯150公克
新鮮香菇75公克
金針菇50公克
薑片25公克

🫙調味料

鹽1小匙
麵粉糊2大匙
甜麵醬1大匙
白糖2小匙
醬油4小匙
太白粉1/2大匙
香油少許
植物油適量

🍴作法

1 金針菇去根，洗淨；10公克薑洗淨、切末；新鮮香菇去蒂，洗淨，切細絲，與金針菇放入沸水鍋中汆燙，撈出過涼；馬鈴薯洗淨，放入清水鍋中煮熟，撈出，用冷水過涼，剝去外皮，壓成泥。

2 馬鈴薯泥放入容器中，加入金針菇、香菇絲、薑末、鹽1小匙太白粉攪拌均勻成餡料。

3 豆腐皮切正方形，放上餡料抹勻，卷起成卷，介面處抹上麵粉糊封口成素雞卷，放入油鍋內煎至色澤金黃，撈出瀝油。

4 鍋中留底油燒熱，入薑片爆香，再加入甜麵醬炒勻，然後加入醬油、白糖和少許清水燒沸，放入素雞卷燒約2分鐘，以其餘太白粉調水勾芡，淋上香油，起鍋裝盤即可。

point

豆腐皮色澤淡雅，是製作素食菜肴的主要食材之一，可以製作出多款風味菜肴。在烹調中，豆腐皮主要用燒、炒、炸、蒸、燜等方法製分熱菜，也可用拌、熗、燻等方法製作冷菜，還可以配以其他材料煮製成湯羹食用。豆腐皮也可以如本菜介紹的方法，包裹上各種葷素食材，製成多種料理。

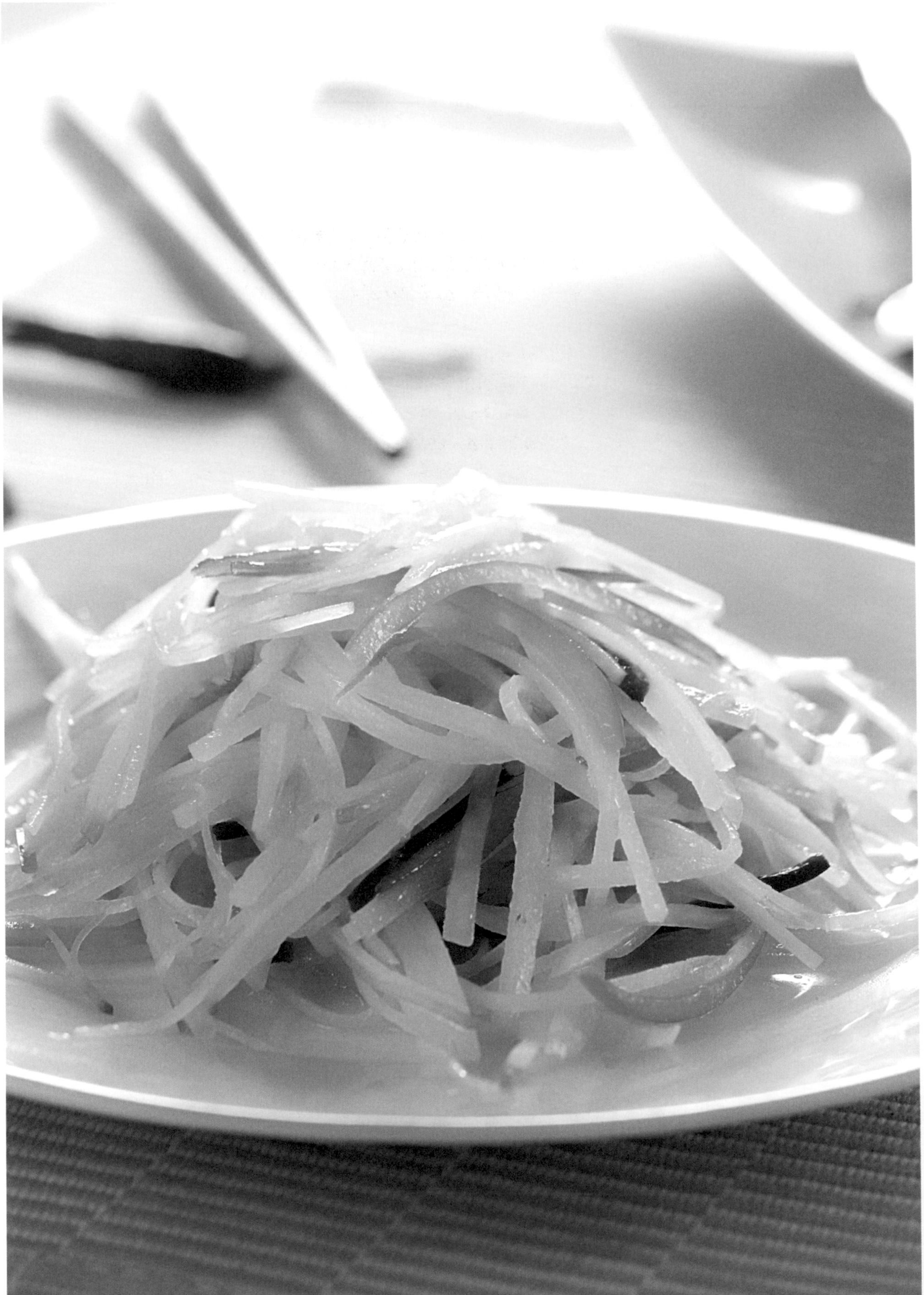

紅辣椒馬鈴薯絲

味型	美味	時間	難度
鮮辣味	★★★	20 分鐘	★★

材料

馬鈴薯350公克、青椒75公克
牛角椒50公克、紅辣椒乾10公克

調味料

花椒3公克、鹽2小匙
白醋少許、植物油2大匙

point

切開的馬鈴薯遇到空氣易氧化變色，所以人們經常把切好的馬鈴薯片或馬鈴薯絲放入清水中，等烹調時再取出製作菜肴，但需要注意馬鈴薯片或馬鈴薯絲不要浸泡的太久而致使馬鈴薯水溶性維生素等營養流失，降低馬鈴薯的營養價值。

當年出產的新馬鈴薯皮較薄且軟，用刀削或刮皮既費時，又會將馬鈴薯肉一起削去。較簡便的方法是把馬鈴薯放入一個棉質布袋中紮緊口，像洗衣服一樣用手揉搓，就能很簡單地將馬鈴薯皮去淨，最後用刀剔去有芽部分即可。

作法

1 將馬鈴薯先以清水洗淨，瀝水，削去外皮，再用清水沖洗乾淨，撈出馬鈴薯。

2 將馬鈴薯擦淨水分，先切大薄片，再改刀切細絲，放入清水中浸泡。

3 將青椒、牛角椒分別去蒂、去籽，洗淨，瀝乾水分，切細絲；紅辣椒乾以溫水浸泡片刻，瀝水，去蒂、去籽，切細絲。

4 淨鍋置火上，加入適量清水燒沸，倒入馬鈴薯絲，快速汆燙一下，撈入涼水中浸泡。

5 熱鍋，加入植物油燒至六分熱，放入花椒炸出香味，去掉花椒不用，再放入紅辣椒乾絲，以小火煸炒出香辣味。

6 放入馬鈴薯絲、青椒、紅椒絲，以大火快速翻炒均勻，加入鹽調味，淋上白醋炒勻，熄火起鍋，起鍋上桌即成。

＼ 馬鈴薯小百科 ／

馬鈴薯為茄科茄屬中能形成地下塊莖的栽培種，一年生草本植物。馬鈴薯按皮色分有白皮、黃皮、紅皮和紫皮等；按薯塊顏色分為黃肉種和白肉種；按形狀分為圓形、橢圓、長筒和卵形等。雖然馬鈴薯各品種間的差異很大，但選購時，以芽眼小而淺、表面光滑、無裂縫、無空心和凍害為佳。

「四喜吉慶」是用紅、綠、黃、白四種不同顏色的蔬菜為材料,加工成吉慶塊,再用燒的技法加工而成,成菜色澤鮮豔、刀工精細、造型美觀、烘托氣氛,寓意福祿壽喜,在喜慶宴席上可使筵席顯得吉祥、熱烈、隆重。

「四喜吉慶」所選用的材料,其質地不一,因此四種材料要根據質地,分別放入沸水鍋內汆燙,另外製作時如果條件允許,可以把材料先後取出,以熟透不變色為度。燒製時還要掌握好火候,以燒至入味、形整不爛為好;最後芡汁適量,以有汁有味為佳。

四喜吉慶

| 味型 鮮鹹味 | 美味 ★★★ | 時間 20分鐘 | 難度 ★★ |

材料
萵筍150公克
馬鈴薯125公克
胡蘿蔔100公克
白蘿蔔75公克
薑片10公克

調味料
鹽2小匙
素高湯150公克
太白粉1大匙
植物油2大匙
香油1小匙

作法

1 將萵筍、馬鈴薯、胡蘿蔔和白蘿蔔分別去根、去皮,洗淨,先切小方塊,再以花刀在材料表面刻上花紋。

2 淨鍋置火上,放入清水燒沸,分別放入萵筍、馬鈴薯、胡蘿蔔和白蘿蔔燙煮片刻,撈出材料過涼,控淨水分。

3 熱鍋,放入植物油燒至五分熱,以薑片煸出香味,加入素高湯燒沸,撈出薑片不用。

4 放入四色材料調勻,加入鹽燒煮2分鐘,以太白粉調水勾芡,淋入香油,即可起鍋。

美味素排

味型 鮮香味　　美味 ★★★　　時間 30 分鐘　　難度 ★★★

材料

油豆腐皮1大張
馬鈴薯125公克
新鮮香菇100公克
金針菇75公克
麵粉50公克

調味料

鹽1/2大匙
白糖1/2小匙
老抽1小匙
蠔油4小匙
太白粉2小匙
植物油適量

作法

1 金針菇洗淨，放入沸水鍋中汆燙一下，撈出瀝水，切小段；新鮮香菇去根，洗淨，切薄片；馬鈴薯去皮，洗淨，入鍋蒸熟，取出晾涼，切片。

2 金針菇、香菇片、馬鈴薯片放大碗中，加入適量麵粉抓勻，再加入鹽抓拌均勻成餡料；剩餘麵粉放入碗中，加入少許清水調勻成麵粉糊。

3 油豆腐皮切兩大張，抹勻麵粉糊，放上餡料抹平，折成兩折成牛排狀，輕輕壓實，入鍋蒸熟，取出，再放入油鍋內煎至兩面呈金黃色，取出，切條狀，放入盤中。

4 鍋中加入少許植物油燒熱，放入蠔油、老抽、白糖、鹽和少許清水燒沸，以太白粉調水勾薄芡，起鍋澆在素排上即可。

point

油豆腐皮營養豐富，蛋白質含量高，還有鐵、鈣、鉬等人體所必需的18種微量元素。兒童食用能提高免疫能力，促進身體和智力的發展。老年人長期食用可延年益壽。特別對孕婦產後期間食用既能快速恢復身體健康，又能增加奶水。豆腐皮還有易消化、吸收快的優點。是一種婦、幼、老、弱皆宜的食用佳品。

炒蘑菇白菜

材料

大白菜250公克、乾香菇150公克
薑末10公克

調味料

鹽1小匙、醬油1/2大匙、白醋1/2大匙
太白粉適量、植物油2大匙

作法

1. 大白菜洗淨，去根和老葉，取嫩白菜，切片，入沸水鍋內煮透，撈出，以冷水過涼，瀝淨水分。

2. 乾香菇去蒂，洗淨，切小塊，以沸水汆燙至透，撈出瀝水。

3. 炒鍋上火燒熱，加入植物油燒熱，入薑末熗鍋，烹入白醋稍炒。

4. 放入白菜片、香菇煸炒片刻，加入醬油、鹽炒勻，以太白粉調水勾芡，起鍋裝盤，即可上桌。

味型	美味	時間	難度
鮮鹹味	★★★	15分鐘	★★

point

營養豐富，含有多種胺基酸的香菇，配以含有豐富維生素的白菜製作成菜，有護肝健胃，降血壓和膽固醇，潤燥止渴等效果。

素燒鴨

材料

豆腐皮5張、乾冬菇200公克、綠豆芽100公克

調味料

鹽適量、植物油適量

作法

1. 將豆腐皮抹上由鹽、少許清水調好的味汁，稍醃；乾冬菇去蒂，洗淨，切絲；綠豆芽去根，洗淨，瀝水。

2. 熱鍋，加入少許植物油燒熱，入冬菇絲和綠豆芽略煸，起鍋放在豆腐皮上。

3. 將豆腐皮兩邊向裡疊一點，再向上疊成8公分的條狀，然後再把介面朝下，放在盤裡，入電鍋蒸8分鐘，取出晾涼成素燒鴨坯。

4. 鍋中加油燒熱，推入素燒鴨坯煎至兩面呈金黃色時，倒入漏勺瀝油，切斜塊，裝盤即可。

味型	美味	時間	難度
鮮香味	★★★	30分鐘	★★

point

除了水發冬菇、綠豆芽之外，也可以選用其他素料替代，比較常見的有茭白筍、冬筍、菠菜、馬鈴薯、金針菇等。

碧玉金磚

味型
鮮香味

美味
★★★

時間
25分鐘

難度
★★

材料

白豆腐乾400公克
綠菜葉150公克
薑末10公克

調味料

鹽1小匙
醬油2小匙
植物油適量
紅腐乳1小塊（以紅麴發酵製作的
豆腐乳）
素高湯200毫升

作法

1 白豆腐乾切厚塊；紅腐乳放碗內，加入素高湯、少許鹽、醬油拌勻成味汁。

2 綠菜葉洗淨，放入沸水鍋內汆燙至熟，撈出過涼，瀝水，放在盤邊。

3 熱鍋，加入植物油燒至五分熱，入白豆腐乾塊，以中火浸炸至金黃色，撈出瀝油。

4 鍋中留底油燒熱，先入薑末爆香，再放入豆腐乾、腐乳味汁燒沸，轉小火燒煨至熟透，起鍋放在盛有菜葉的盤內，上桌即可。

point

豆腐乾的種類較多，其中用白色鹽滷水加工而成的豆腐乾，就是白豆腐乾。如果在鹽滷水中加上其他調味料，如醬油、五香粉、辣椒等滷煮而成的豆腐乾，根據口味被稱為茶乾、滷乾、五香豆腐乾、辣豆腐乾等。

蘆筍南瓜

Vegetarian food

86

味型	美味	時間	難度
鮮鹹味	★★★	20 分鐘	★★

材料
蘆筍250公克
南瓜150公克
薑片15公克

調味料
鹽2小匙
太白粉少許
香油1/2小匙
植物油2大匙

作法

1 蘆筍去根，削去老皮，以清水洗淨，斜刀切小段，放入沸水鍋內，加上少許鹽和植物油汆燙一下，撈出蘆筍段，瀝淨水分。

2 南瓜洗淨，去掉外皮和瓜瓤，切寬條，放入沸水鍋內燙煮一下，撈出過涼，瀝水。

3 熱鍋，加入植物油燒至六分熱，先入薑片炒香出味，再放入南瓜條、蘆筍段炒勻。

4 加入鹽調味，以太白粉調水勾芡，淋上香油翻炒均勻，起鍋裝盤即可。

point

將蘆筍為百合科天門冬屬中能形成嫩莖的多年生宿根草本植物。蘆筍原產地中海東岸及小亞細亞，現世界各地均有栽培。蘆筍有鮮美芳香的風味，膳食纖維柔軟可口，能增進食欲，幫助消化，在西方蘆筍又被譽為「十大名菜」。

魚香脆茄子

| 味型 魚香味 | 美味 ★★★ | 時間 20分鐘 | 難度 ★★ |

材料

圓茄400公克
青椒75公克
紅椒50公克
薑塊10公克

調味料

鹽2小匙
白糖1/2大匙
豆瓣醬1大匙
醬油4小匙
米醋5小匙
麵粉3大匙
太白粉少許
植物油適量

作法

1 青椒、紅椒分別去蒂和籽,洗淨,瀝水,切小條;茄子去皮,洗淨,瀝去水分,切條。

2 茄子條放入清水盆中,加入鹽拌勻,浸泡10分鐘,撈出茄子條,瀝乾水分,加入麵粉拌勻。

3 將薑塊去皮,洗淨,切絲,放入小碗內,加上醬油、白醋、白糖調勻成味汁。

4 熱鍋加入植物油燒熱,放入茄子條炸至淺黃色,撈出,再放入青椒條、紅椒條過油一下,撈出。

5 鍋中留底油燒熱,放入豆瓣醬和調好的味汁炒勻,以太白粉調水勾薄芡,倒入炸好的茄子條、青椒條、紅椒條炒勻,起鍋裝盤即可。

point

魚香味是四川傳統味型之一,特點是鹹辣酸甜,具有川菜獨特的魚香味。魚香味中用鹽醃漬或上漿調味;醬油配合鹽定鹹味,並起到提鮮作用;豆瓣醬(或泡紅辣椒)是表現魚香味的重要調味料,用量要大;薑絲有增香、壓異味作用;白糖和白醋組成的甜酸口味在料理中要有明顯感覺。

素鱔炒青筍

| 味型 香辣味 | 美味 ★★★ | 時間 40分鐘 | 難度 ★★ |

🍴材料

新鮮香菇400公克、青筍50公克
新鮮紅辣椒15公克、薑塊15公克

🍶 調味料

鹽2小匙、白糖4小匙
醬油1大匙、太白粉2大匙
太白粉水適量、植物油500毫升

point

香菇是食用菌中的珍品,其有乾品和鮮品兩種。對於乾品香菇,烹製前必須進行泡發,但泡發時必須用冷水,同時時間不宜過長。因為熱水容易使香菇中揮發性香味物質損失,破壞香菇的香氣,同時也使呈鮮味物質分解。正確漲發香菇的方法:把香菇放在清水中浸泡約10分鐘,取出香菇瀝水,再放入適量清水中浸泡約50分鐘至軟即可。其中第二次浸泡香菇的水中含有一定量的呈鮮味和營養素,所以水不要倒掉,可澄清後用於烹調,即可增加料理營養,又使料理鮮美可口。

🍴作法

1. 將新鮮香菇以清水洗淨,再以用熱水略燙一下,撈出,瀝淨水分,去掉菌蒂,以剪刀把香菇剪成鱔魚狀。

2. 青筍去根,削去外皮,以清水洗淨,改刀切細絲,放入沸水鍋內,加上少許鹽和植物油汆燙一下,撈出青筍絲,瀝淨水分。

3. 將香菇絲加入太白粉拌勻,再放入沸水鍋內汆燙一下,撈出過涼,瀝乾水分;鮮紅辣椒去蒂、去籽,洗淨,切碎末。

4. 薑塊去皮,洗淨,切末,放在小碗內,加上鹽、醬油、白糖、少許清水、太白粉水攪勻成味汁。

5. 淨鍋置火上,加入植物油燒至六分熱,先倒入調好的味汁炒勻,再放入香菇絲、青筍絲翻炒均勻。

6. 熄火起鍋,撒上紅椒末,淋入少許燒至九分熱的植物油熗出香味,即可上桌食用。

╲ 香菇小百科 ╱

香菇的品質要求:以菇香濃,菇肉厚實,菇面平滑,大小均勻,色澤黃褐或黑褐,菇面稍帶白霜,菇褶緊實細白,菇柄短而粗壯,乾燥,不黴,不碎的為優良品質,此外長得特別大的鮮香菇不要吃,因為它們多是用激素催肥的,大量食用可對機體造成不良影響。

冬菜炒萵筍

味型 鮮鹹味	美味 ★★★	時間 25分鐘	難度 ★★

材料

萵筍300公克
冬菜50公克
紅椒25公克
薑末5公克

調味料

鹽1小匙
米醋1/2小匙
香油2小匙
植物油2大匙
太白粉水適量

作法

1 將萵筍去皮,洗淨,切薄片;紅椒洗淨,去蒂及籽,洗淨,切小塊。

2 將冬菜去掉雜質,放入清水中浸泡幾分鐘以去掉部分鹽分,撈出,瀝淨水分,切碎粒。

3 將萵筍片、冬菜分別放入沸水中汆燙一下,撈出,瀝淨水分。

4 熱鍋,加入植物油燒至六分熱,先入薑末炒香,再放入冬菜略炒一下。

5 加入萵筍、紅椒,加入鹽炒至入味,以太白粉水勾芡,淋上香油,即可裝盤上桌。

point

萵筍為菊科萵苣屬萵苣種能形成肉質嫩莖的變種,為1至2年生草本植物。萵筍原產亞洲西部及地中海一帶,在漢代傳入中國,在中國地理和氣候條件下,演變成特有的莖用萵苣,因其肉質莖肥嫩如筍而得萵筍之名,目前中國南北各地均有栽培。
在製作萵筍料理時,常常需要先把萵筍進行燙煮,再根據料理的要求加工成菜。在燙煮萵筍時一定要注意時間和溫度,時間過長、溫度過高會使萵筍綿軟,失去清脆口感。

Part 3

營養

羹・湯

小白菜為十字花科植物青菜的幼株,其是含維生素和礦物質最豐富的蔬菜之一,有助於增強機體免疫能力。此外小白菜中含有大量粗纖維,可以減少動脈粥樣硬化的形成,從而保持血管彈性。

小白菜粉絲湯色澤淡雅,口味清香,為家庭常見湯羹之一,製作小白菜粉絲湯可以有多種變化,比如食材方面,可以加入香菇、玉米筍等,以豐富湯菜的色澤;口味上可以加入米醋等,製作成酸辣口味;或放入胡椒粉、咖哩粉等,製作成咖哩口味、香辣口味等。

小白菜粉絲湯

味型
鮮辣味　　美味 ★★★　　時間 20分鐘　　難度 ★★

材料

小白菜250公克
粉絲50公克
薑末10公克
紅辣椒5公克

調味料

鹽2小匙
醬油1/2小匙
香油1小匙
植物油1大匙

作法

1 將小白菜去根,摘去老葉,以清水洗淨,切小段,放入沸水鍋內汆燙一下,撈出,以冷水過涼,瀝淨水分。

2 粉絲以溫水浸泡至軟,瀝去水分,切段;紅辣椒去蒂、去籽,切小段。

3 熱鍋,加入植物油燒熱,先入紅辣椒段炒出香辣味,再放入小白菜段和薑末翻炒均勻。

4 加入適量清水,放入粉絲煮至熟軟,再加入醬油和鹽調好湯汁口味,淋入香油,即可裝碗起鍋。

白菜豆腐湯

<table>
<tr><td>味型
鮮鹹味</td><td>美味
★★★</td><td>時間
20 分鐘</td><td>難度
★★</td></tr>
</table>

材料

大白菜200公克
豆腐150公克
薑片10公克

調味料

鹽1小匙
胡椒粉1/3小匙
香油2小匙
素高湯1000毫升
植物油5小匙

作法

1 將大白菜去根和老菜，選取嫩白菜葉，以清水洗淨，瀝淨水分，切條塊。

2 豆腐片去老皮，洗淨，瀝去水分，切小方塊，放入沸水鍋內汆燙一下，撈出，瀝淨水分。

3 熱鍋，加入植物油燒至六分熱，先入薑片炒香出味，再放入白菜條炒軟。

4 瀝去鍋中的水分，然後添入素高湯燒煮至沸，放入豆腐塊，以大火燉約8分鐘。

5 再加入鹽，繼續燉2分鐘，調入胡椒粉，淋上香油煮至入味，起鍋裝碗即成。

point

俗話說：「魚生火、肉生痰、白菜豆腐保平安。」冬季裡作一道白菜豆腐湯，可增加抗病能力，讓家人平安度過寒冷的冬季。
豆腐含有豐富的鈣、磷、鐵及膳食纖維；大白菜中膳食纖維和維生素A、維生素C的含量較高，搭配煮製成湯食用，對機體腸道健康、視力發育和免疫力的提高都有很大幫助。

蜜橘銀耳湯

味型 甜香味　美味 ★★★　時間 60分鐘　難度 ★★

材料
乾銀耳200公克
蜜橘1個

調味料
白糖200公克
太白粉1大匙

作法

1 將乾銀耳泡軟，去根及雜質，放入大碗中，加上少許清水，上蒸鍋以大火蒸40分鐘，取出銀耳，晾涼，撕成小塊。

2 將蜜橘剝去果皮，去掉筋絡，取淨橘瓣，放入沸水鍋內汆燙一下，撈出瀝水。

3 不銹鋼鍋置火上，先加入適量清水，將蒸好的銀耳塊放入鍋內煮沸。

4 撈去浮沫，再放入蜜橘瓣、白糖，轉小火煮約3分鐘，以太白粉調水勾薄茨，待汁湯再沸時，起鍋盛入湯碗內，上桌即成。

point

蜜橘含有百餘種植物化合物和60餘種黃酮類化合物，其中大多數物質均是天然抗氧化劑，有降血脂、抗動脈粥樣硬化等作用。

百合南瓜羹

材料

南瓜250公克
新鮮百合100公克
枸杞10公克

調味料

白糖 2 小匙
冰糖 25 公克
蜂蜜 1 大匙
桂花蜜少許

作法

1　將南瓜去皮、去瓤，洗淨，切大塊，放入蒸鍋中蒸至熟爛，取出晾涼，再放入食物調理機中，加入蜂蜜打成泥狀。

2　新鮮百合去黑根，以清水洗淨，掰成小瓣；枸杞以清水泡軟，洗淨後瀝水。

3　起鍋點火，加入適量清水，先放入枸杞、白糖、冰糖、百合瓣煮沸。

4　再轉小火煮至熟透，然後放入南瓜蓉和桂花蜜熬煮至濃稠，即可起鍋裝碗。

色澤黃亮的南瓜泥，搭配白色的百合和紅色的枸杞熬煮成羹，其色澤美觀、甜潤濃香，味美適口。

蘑菇燉豆腐

味型
鮮鹹味

美味
★★★

時間
20 分鐘

難度
★★

材料

豆腐250公克
乾香菇50公克
胡蘿蔔25公克
薑末10公克

調味料

花椒粉1/3小匙
鹽2小匙
醬油1/2大匙
香油少許
植物油1大匙

作法

1 乾香菇洗淨,切小塊;豆腐洗淨,切小塊;胡蘿蔔洗淨,切片。

2 鍋中加入清水燒沸,分別入胡蘿蔔片、香菇塊、豆腐塊汆燙,撈出瀝水。

3 熱鍋,加入植物油燒熱,入薑末、花椒粉熗鍋,添入適量清水。

4 再放入豆腐塊、香菇塊和胡蘿蔔片,加入醬油、鹽,以大火燒沸,轉小火燉至入味,淋入香油,起鍋裝碗即可。

point

營養豐富,含有多種胺基酸的香菇,配以含有豐富維生素E的豆腐一起燉煮成湯食用,能護肝健胃,降血壓和膽固醇、潤燥止渴、解熱防暑等效果,尤其適宜高血壓、高血脂患者食用。

胡蘿蔔鮮橙湯

材料

胡蘿蔔 250 公克
鮮橙 150 公克
油菜 50 公克
番茄 1 個

調味料

香草2公克
鹽1小匙
胡椒粉少許

作法

1 將胡蘿蔔去根,削去外皮,洗淨,切厚片;番茄去蒂,洗淨,切小塊。

2 將鮮橙去皮,洗淨,放入食物調理機內,加上少許清水攪打成鮮橙汁,取出;油菜洗淨,切段,放入沸水鍋內汆燙一下,撈出過涼。

3 淨鍋置火上,加入適量清水,放入胡蘿蔔片和香草,以中火熬煮5分鐘,放入番茄塊調勻。

4 倒入鮮橙汁、鹽、胡椒粉調味,轉小火煮20分鐘至胡蘿蔔軟爛,加入油菜,起鍋裝碗即可。

point

鮮橙幾乎含有水果能提供的所有營養成分,搭配富含胡蘿蔔素和維生素的胡蘿蔔、番茄等熬煮成湯羹食用,能增強人體免疫力、促進病體恢復、還能補充膳食纖維,並且有助於血液循環。

木耳金針湯

| 味型 鮮鹹味 | 美味 ★★★ | 時間 25 分鐘 | 難度 ★★ |

材料

金針菜50公克
乾黑木耳25公克
牛角椒少許
薑末少許

調味料

鹽1小匙
素高湯750毫升
植物油1大匙

作法

1 木耳以溫水浸泡至軟,取出去蒂,放在大碗內,加上少許清水,放入蒸鍋蒸5分鐘,取出木耳,切絲。

2 金針菜以清水浸泡至發漲,去掉根蒂,放入沸水鍋中汆燙一下,撈出金針菜,瀝水;牛角椒去蒂、去籽,洗淨,切細絲。

3 熱鍋,加入植物油燒至六分熱,先入薑末、牛角椒絲煸炒出香味。

4 添入素高湯燒煮至沸,放入木耳絲、金針菜調勻,然後加入鹽調味,再沸後撇去表面浮沫,淋上香油,起鍋即成。

point

金針可以煮熟吃也可以乾製。如果要煮熟吃,可以先將金針燙過,再下鍋炒製,乾製需要先泡水軟化,再下鍋烹煮。挑選時應以暈黃為主,避免已變色的金針。金針花亦有人將其食用,也很好吃。

胡蘿蔔無花果湯

味型 鹹香味	美味 ★★★	時間 2小時	難度 ★★

材料

胡蘿蔔300公克
無花果50公克
薑塊10公克

調味料

鹽2小匙
胡椒粉1/3小匙
素高湯1000毫升
植物油1大匙

作法

1 將胡蘿蔔洗淨，去根、去皮，切滾刀塊；無花果以清水浸泡並洗淨，瀝水，切小塊；薑塊去皮，切小片。

2 熱鍋，加入植物油燒至六分熱，先入薑片炒香，再添入素高湯燒沸。

3 加入胡蘿蔔塊、無花果塊調勻，再沸後改以小火煲約2小時。

4 最後加入鹽、胡椒粉調味，起鍋裝碗即可。

point

無花果富含葡萄糖、果糖、蔗糖，還有少量檸檬酸、蘋果酸等，及能幫助消化的澱粉糖化酶、脂肪酶等，能健胃清腸，消腫解毒，並可以抗腫瘤、降壓、助消化。胡蘿蔔富含多種維生素，並有輕微而持續發汗的作用，可刺激皮膚的新陳代謝，增進血液循環，搭配無花果熬煮成湯食用，可以使皮膚細嫩光滑，膚色紅潤，對美容、健膚有獨到的功效。

巧手長壽湯

味型 香甜味 ｜ 美味 ★★★ ｜ 時間 60分鐘 ｜ 難度 ★★

材料

南瓜400公克、胡蘿蔔200公克
玉米100公克、青豆50公克
薰衣草5公克、玫瑰花瓣少許

調味料

鹽1小匙、白糖100公克
麵粉50公克、植物油1大匙

point

南瓜一般為黃色，其黃色是南瓜中含有的類胡蘿蔔素所致，南瓜顏色越深，類胡蘿蔔素的含量就越多，如果食用過量，容易使色素沉澱，引起人體皮膚暫時性發黃，只要停止食用，就可以自然恢復。

胡蘿蔔是營養豐富、物美價廉的食材，以胡蘿蔔榨取的胡蘿蔔汁被認為是最普及的蔬菜汁，也被稱作神奇的果汁，又「有果汁之王」之譽。如果在日常飲食中飲用一些胡蘿蔔汁，可以為人體提供豐富的營養，並且大大提高人們的健康。

作法

1. 玉米洗淨，取玉米粒，放入沸水鍋內煮熟，撈出，用冷水過涼，瀝淨水分。

2. 青豆洗淨，瀝去水分，放入沸水鍋中燙熟，撈出瀝水；玫瑰花瓣洗淨，再用沸水燙一下，取出，換冷水漂洗乾淨。

3. 南瓜去皮，切開後去掉瓜瓤，洗淨，切大塊；胡蘿蔔去根、去皮，洗淨，切小塊。

4. 淨鍋置火上，加入清水燒煮至沸，放入南瓜塊和胡蘿蔔塊稍煮，撈出瀝水。

5. 將南瓜塊、胡蘿蔔分別放入食物調理機內，加入少許清水和白糖，用中速攪打成南瓜泥、胡蘿蔔泥，取出。

6. 熱鍋，加入植物油燒至六分熱，放入麵粉，小火煸炒至金黃色。

7. 先倒入南瓜泥炒勻，再放入胡蘿蔔泥調勻，以中小火熬煮5分鐘。

8. 加入熟玉米粒、熟青豆稍煮，放入鹽、白糖、薰衣草煮勻。

9. 起鍋盛入大湯碗中，撒上加工好的玫瑰花瓣加以點綴，即可上桌食用。

油豆腐白菜湯

| 味型 鮮鹹味 | 美味 ★★★ | 時間 20分鐘 | 難度 ★★ |

材料

大白菜200公克
油豆腐100公克
薑塊15公克

調味料

鹽2小匙
素高湯適量
豆瓣醬4小匙
植物油1大匙
香油少許

作法

1 大白菜去掉菜根，取嫩白菜和白菜葉，用清水洗淨，把白菜嫩幫切小段，白菜葉撕成小塊。

2 豆腐用熱水浸泡並洗淨餘油，瀝淨水分，切厚片；把豆瓣醬放入小碗中，加入少許素高湯調稀；薑塊去皮，洗淨，切細絲。

3 熱鍋，加入植物油燒至六分熱，放入薑絲煸炒出香味，倒入素高湯燒煮至沸。

4 先放入白菜幫小段稍煮片刻，再加入油豆腐片和白菜葉，小火煮至熟香。

5 倒入調好的豆瓣醬、鹽煮2分鐘至入味，淋上香油，起鍋盛入湯碗中即可。

point

油豆腐白菜湯為家常風味湯菜，普通不過又簡單好做。油豆腐白菜湯中的豆泡是種很神奇的食物，本身沒有什麼特殊的味道，不顯山不露水的，但無論和什麼別的食材搭配都可以把對方的味道一覽無餘地吸到自己的身體裡，容入了新鮮味道的豆腐自然又是另一種風味。油豆腐放在白菜湯裡煮一煮，又帶有了白菜的清香。

素燴山藥

<table>
<tr><td>味型
鮮鹹味</td><td>美味
★★★</td><td>時間
30 分鐘</td><td>難度
★★</td></tr>
</table>

材料

山藥200公克
地瓜125公克
胡蘿蔔100公克
豌豆夾50公克
花菇25公克
薑末5公克

調味料

八角1粒
鹽2小匙
香醋少許
植物油2大匙
香油1小匙

作法

1 山藥削去外皮,洗淨,切大片,放入淡鹽水中浸泡,製作時取出;地瓜去皮,洗淨,切小片。

2 花菇以清水泡軟,洗淨,去掉菌蒂,在表面劃上十字花刀;胡蘿蔔去皮,洗淨,切鳳尾花刀;豌豆夾去掉豆筋,洗淨,切小段。

3 熱鍋,加入植物油燒熱,入薑末、八角炒出香味,烹入香醋,加入適量清水燒煮至沸。

4 然後放入山藥片、地瓜片、花菇、胡蘿蔔和荷蘭豆調勻,轉中火燒燴至熟爛。

5 撈去浮沫和雜質,加入鹽調味並且煮至入味,淋上香油,起鍋裝碗即可。

山藥中含有可溶性纖維,食用後會產生飽脹感,控制進食欲望,推遲胃內食物的排空,控制飯後血糖升高,有助於預防糖尿病、高脂血症、肥胖症等疾病。
山藥切片後容易氧化發黑,所以切好的山藥要立即烹調菜肴,或如本菜介紹的方法,把山藥片浸泡在淡鹽水中,以防止氧化發黑。

Vegetarian food

103

菇耳豆腐湯

材料
嫩豆腐250公克、乾香菇150公克
胡蘿蔔50公克、乾黑木耳15公克
薑片10公克

調味料
鹽2小匙、花椒油1小匙、太白粉1大匙
植物油2大匙、素高湯1000毫升

作法
1. 木耳以溫水泡發,去除雜質,再換清水洗淨;嫩豆腐切小塊。
2. 胡蘿蔔、乾香菇分別洗淨,均切小塊,放入沸水鍋中汆燙一下,撈出瀝乾。
3. 熱鍋,加入植物油燒至四分熱,入薑片炒香,再添入素高湯燒煮至沸。
4. 放入木耳、胡蘿蔔、香菇、嫩豆腐、鹽煮至入味,以太白粉調水勾芡,淋入花椒油,起鍋裝碗即成。

味型 鮮鹹味	美味 ★★★	時間 20分鐘	難度 ★★

point

菇耳豆腐湯製作簡單,色澤淡雅,口味清香,營養豐富,是一道獨具特色的素高湯,非常適宜減肥者食用。

清香冬瓜湯

材料
冬瓜400公克、薑汁2小匙

調味料
鹽1小匙、胡椒粉少許、香油少許
太白粉1大匙、植物油2大匙、素高湯500毫升

作法
1. 將冬瓜去皮及瓜瓤,以清水漂洗乾淨,瀝水,切6公分長1公分粗的條。
2. 熱鍋,加入植物油燒至四分熱,入冬瓜條,烹入薑汁略炒片刻。
3. 再加入素高湯燒沸,撈去浮沫和雜質,加入鹽和胡椒粉調勻。
4. 轉小火燉至冬瓜條熟香並且入味,以太白粉調水勾薄芡,淋入香油,起鍋裝碗即可。

味型 鮮鹹味	美味 ★★★	時間 20分鐘	難度 ★★

point

冬瓜是瓜蔬中唯一不含脂肪的食材,其含有的丙醇二酸能抑制糖類物質轉化為脂肪,有很好的減肥效果,而有「減肥瓜」之美稱。

雙冬豆皮湯

味型	美味	時間	難度
鮮鹹味	★★★	20 分鐘	★★

材料

豆腐皮3張
冬筍50公克
冬菇2朵
薑末10公克

調味料

鹽1小匙
醬油少許
香油2小匙
植物油2大匙
素高湯500毫升

作法

1 將豆腐皮放入蒸鍋內，蒸軟，取出豆腐皮，晾涼，切菱形大片。

2 冬菇以溫水泡發，除去雜質，洗淨，切絲；冬筍去皮、洗淨，切小片。

3 熱鍋，加入植物油燒至六分熱，先入薑末炒香，添入素高湯，放入冬菇絲、冬筍片、豆腐皮燒沸。

4 撈去浮沫，再加入鹽、醬油調味，淋入香油，出鍋裝碗即成。

point

豆腐皮常常帶有豆腥味，除了可以採用淡鹽水浸泡或汆燙的方法之外，也可以採用本菜介紹的方法，先把豆腐皮入蒸鍋蒸幾分鐘，再煮製成湯羹食用，也可以有效地去除豆腥味。

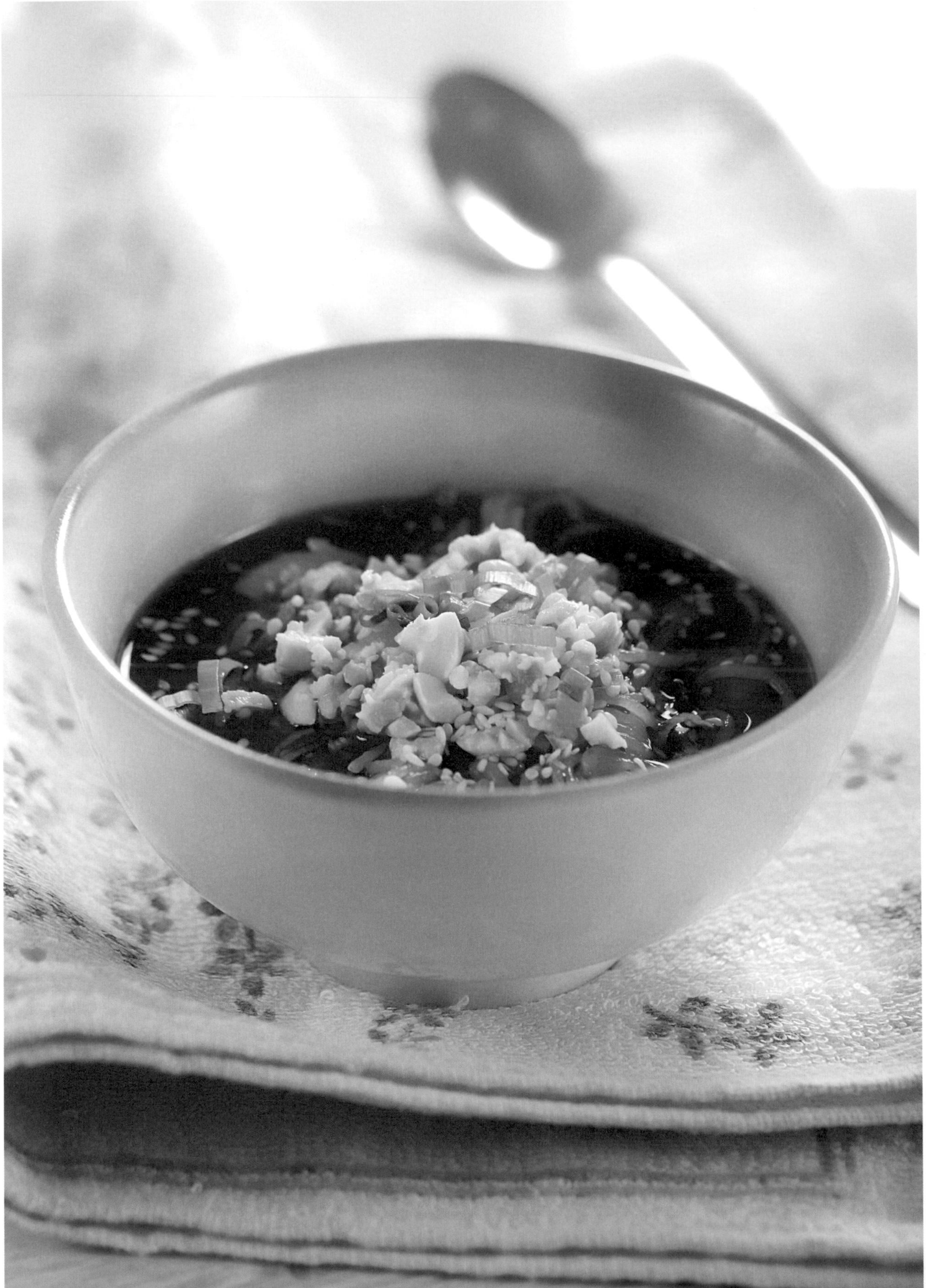

酸辣蒟蒻絲

味型	美味	時間	難度
酸辣味	★★★	25分鐘	★★

材料

蒟蒻絲200公克、金針菇150公克
芹菜100公克、榨菜50公克
乾香菇30公克、花生米25公克
白芝麻15公克、薑末5公克

調味料

鹽1小匙、豆瓣醬2大匙
醬油2小匙、米醋4小匙
辣椒油1大匙、植物油適量

point

蒟蒻是多年生長草本植物，其主要成分是葡甘聚糖，並含有多種對人體不能合成的胺基酸及鈣、鋅、銅等礦物質，因此蒟蒻製品也是一種低脂、低糖、低熱、無膽固醇的優質食材。
蒟蒻作為食材已有相當長的歷史，蒟蒻食品的品種亦越來越多，主要有蒟蒻粉絲、蒟蒻絲結、蒟蒻粉皮、蒟蒻蹄筋、蒟蒻梅花、蒟蒻蝴蝶、蒟蒻蝦仁、蒟蒻豆腐、蒟蒻麵條等等。

作法

1. 將蒟蒻絲剪開包裝，以清水漂洗2次，然後放到沸水中浸燙3分鐘，取出。

2. 將乾香菇放入食物調理機中打成香菇粉，取出，放入大碗中，倒入適量沸水攪勻。

3. 芹菜去根和葉，洗淨，瀝水，切碎末；金針菇去根，放入淡鹽水中浸泡並洗淨，撈出瀝水。

4. 將花生、芝麻放入燒熱的淨鍋內煸炒至熟香，起鍋、晾涼，壓成碎末。

5. 將榨菜去皮，放入清水中浸泡片刻，以去掉部分鹹味，取出，切碎末。

6. 熱鍋，加入植物油燒熱，放入豆瓣醬炒香出味，再入少許薑末炒勻。

7. 放入榨菜碎末、泡好的香菇粉炒勻，加入醬油及適量的清水燒煮至沸。

8. 再加入鹽，放入洗淨的蒟蒻絲汆燙至熟，撈出，放入湯碗中。

9. 將金針菇放入鍋內煮2分鐘，撈出，放在盛有蒟蒻絲的湯碗中。

10. 原鍋中再加入米醋、辣椒油、芹菜末、薑末調勻，燒沸後起鍋，澆在盛有蒟蒻絲、金針菇的湯碗中，撒上碎花生米、芝麻即成。

胡蘿蔔煮蘑菇

味型 鮮鹹味	美味 ★★★	時間 60 分鐘	難度 ★★

材料

胡蘿蔔150公克
蘑菇100公克
綠花椰菜50公克
黃豆25公克

調味料

鹽2小匙
白糖1小匙
素高湯1000毫升
植物油適量

作法

1 將胡蘿蔔去根,削去外皮,洗淨,切小塊;蘑菇去蒂,洗淨,撕成小條。

2 黃豆先以清水泡透,再放入蒸鍋內蒸熟,取出;綠花椰菜擇洗乾淨,分小朵。

3 熱鍋,加入植物油燒熱,先放入胡蘿蔔塊、蘑菇條翻炒片刻。

4 再添入素高湯燒沸,撈去浮沫和雜質,轉中火煮至胡蘿蔔軟爛。

5 放入熟黃豆、綠花椰菜,加入鹽、白糖煮透,即可裝碗上桌。

point

蘑菇含維生素及蛋白質等,屬於低熱量食品,且多食也不會發胖,同時對高血壓、心臟病患者有益,是一種較好的減肥美容食品。

菜市和超市出售的新鮮蘑菇多為人工種植,可能有病蟲害,也可能用過農藥;野生蘑菇免不了帶有很多污泥,入菜前都一定要沖洗乾淨,瀝乾水,或以毛巾吸乾。清洗蘑菇時切忌不能長時間浸泡,否則寶貴的汁液會被沖淡,失去蘑菇原汁原味的風味。

豆腐松茸湯

味型	美味	時間	難度
鮮鹹味	★★★	30 分鐘	★★

材料

豆腐200公克
新鮮松茸100公克
枸杞15公克
薑塊10公克

調味料

鹽1大匙
醬油1小匙
清湯1000毫升
植物油適量

作法

1 新鮮松茸以刀削去根部，放入淡鹽水中輕輕洗淨，再放入沸水鍋中煮約30秒鐘，撈出松茸，以冷水過涼，瀝乾水分，切大片。

2 以刀把豆腐從中部橫切一刀，再切小方丁，放入沸水鍋中煮約1分鐘，撈出晾涼。

3 薑塊去皮，洗淨，切細絲；枸杞以溫水浸泡至軟，再換清水洗淨。

4 熱鍋，加入植物油燒至六分熱，放入薑絲炒出香味，加入素高湯燒沸。

5 再加入鹽、醬油調勻，放入加工好的松茸、豆腐塊和枸杞稍煮，熄火後即可上桌。

Vegetarian food

109

紅棗銀耳羹

材料
乾銀耳150公克
紅棗100公克
枸杞10公克

調味料
冰糖50公克
糯米粉1大匙

作法

1 將紅棗洗淨,去掉果核,取淨果肉,切粗絲;銀耳洗淨,泡軟,撕成小朵。

2 將糯米粉放入小碗內,加入適量清水調成稀糊;枸杞擇洗乾淨。

3 將紅棗絲、銀耳分別放入沸水鍋中汆燙一下,撈出,瀝淨水分。

4 淨鍋置火上,加入適量清水燒煮至沸,放入銀耳、紅棗和冰糖調勻。

5 以小火熬煮約5分鐘,加入枸杞調勻,再以糯米糊勾薄芡,即可裝碗上桌。

point

銀耳、紅棗是人們喜愛的食品,也是健身美容佳品,搭配食用可以使人強身健美,尤其能使女性皮膚紅潤,富有青春魅力。

麵包番茄湯

材料

番茄（番茄）200公克、麵包100公克

調味料

鹽1小匙、番茄醬2大匙、黑胡椒少許
植物油適量

作法

1 將番茄洗淨，放入沸水中略燙一下，撈出後去皮，切小丁；麵包切小丁。

2 平底鍋中加入少許植物油燒至七分熱，入麵包丁煎至酥脆，撈出瀝油。

3 鍋中加入少許植物油燒熱，先入番茄醬略炒一下，再加入黑胡椒、鹽及適量清水燒沸，再放入番茄丁煮勻。

4 熄火後起鍋，倒入湯碗內，放入麵包丁、少許黑胡椒攪勻，即可上桌。

味型	美味	時間	難度
酸鮮味	★★★	25分鐘	★★

point

在製作家居番茄湯時，除了按照本菜介紹的方法，調味時加入一些番茄醬，還可以放入適量的米醋，番茄醬或米醋可破壞番茄中含有的有害物質番茄鹼，而且可以使成菜的口味更加清香。

翡翠松子羹

材料

花椰菜500公克、松子75公克、芹菜50公克

調味料

鹽 1/2 大匙、白糖各 1/2 大匙
太白粉 3 大匙、素高湯 500 毫升

作法

1 將松子洗淨、瀝乾，放入淨鍋中炒至金黃色，盛出；芹菜去根和菜葉，洗淨，瀝淨水分，切碎粒。

2 將花椰菜洗淨，掰成小朵，再放入食物調理機中，加入適量清水攪打成花椰菜汁。

3 淨鍋置火上，加入素高湯和花椰菜汁，先以小火煮勻，再加入鹽、白糖調味。

4 再以太白粉調水勾芡，撒入松子和芹菜末調勻，即可起鍋裝碗。

味型	美味	時間	難度
鮮鹹味	★★★	30分鐘	★★

point

松子仁的磷、錳含量豐富，對大腦和神經有補益作用，是學生和腦力勞動者的健腦佳品，對老年人癡呆也有很好的預防作用。

百年好合湯

味型 甜香味　美味 ★★★　時間 60分鐘　難度 ★★

材料

胡蘿蔔300公克
乾蓮子50公克
乾百合30公克

調味料

冰糖200公克

作法

1 胡蘿蔔去根、去皮，洗淨，切比較厚的圓片，放入沸水鍋內汆燙一下，撈出。

2 乾蓮子、乾百合分別以溫水泡軟，洗淨，再放入碗內，加入少許清水，上蒸鍋以大火蒸10分鐘，取出蓮子、百合瀝水。

3 鍋置火上，加入適量清水燒沸，放入蓮子、百合煮10分鐘，再加入胡蘿蔔煮幾分鐘。

4 加入冰糖，大火煮至冰糖完全溶化、湯汁黏稠時，熄火，倒入湯碗中即可。

point

百年好合湯是一道易作味美、有益健康的佳餚，常食健身美顏，亦可在喜慶筵席上做點綴，取其喜慶祝福之意。製作上可以根據個人口味和喜好，還可加入枸杞、紅棗等滋補食品同煮。

開水白菜

味型 鮮鹹味	美味 ★★★	時間 20分鐘	難度 ★★

材料

白菜500公克

調味料

鹽2小匙
胡椒粉1小匙
素高湯1500毫升

作法

1 將白菜去根,去白菜嫩心,將白菜葉修剪整齊,再順長切長條。

2 將白菜條放入沸水鍋內,加上少許鹽燙至白菜條剛剛去生,立即撈入冷水中漂洗過涼,撈出白菜條。

3 將汆燙好的白菜順理 放在湯碗內,加上素高湯250毫升、少許鹽和胡椒粉,入蒸鍋以大火蒸2分鐘。

4 取出白菜條,瀝去湯汁,再倒入燒沸的素高湯(250毫升)中浸燙一下,再去掉湯汁。

5 淨鍋置大火上燒熱,放入素高湯1000毫升,加入少許鹽燒煮至沸,撈去浮沫,放入白菜條稍煮片刻,熄火起鍋,倒在湯碗內,上桌即成。

蘑菇湯

材料

黃豆芽250公克、白蘿蔔200公克
蘑菇150公克、胡蘿蔔100公克
薑片25公克

調味料

鹽2小匙、胡椒粉1小匙
太白粉3大匙、植物油2大匙

point

蘑菇中含有多種營養素，搭
配富含維生素的蔬菜製作成
湯羹，不僅口味清香鮮美，還
有強身健體，滋補營養的效
果。

作法

1 將蘑菇放入淡鹽水中浸泡並洗淨，撈出蘑菇，
瀝水，在表面劃上十字花紋。

2 鍋置火上，加入適量清水燒沸，放入蘑菇汆燙
一下，撈出瀝水。

3 將黃豆芽掐去根，以清水洗淨，瀝水，放入熱
鍋內乾炒片刻，盛出。

4 白蘿蔔、胡蘿蔔分別去根，削去外皮、洗淨，
均切5公分長的細絲。

5 熱鍋，加入植物油燒至六分熱，先入薑片熗鍋
出香味。

6 添入適量清水煮沸，撈出薑片不用，再放入蘑
菇，以大火煮約5分鐘。

7 放入黃豆芽，轉小火煮至熟透，撈出白蘑菇和
黃豆芽，放入湯碗中。

8 將胡蘿蔔絲、白蘿蔔絲分別裹勻一層太白粉，
放入原湯鍋中煮至兩種蘿蔔絲浮起，撈出蘿
蔔絲，放在盛有黃豆芽、蘑菇的湯碗中。

9 將鍋中湯汁撈去浮沫和雜質，加入鹽調味。

10 燒沸後倒入盛有蘑菇的湯碗中，撒上胡椒
粉，即可上桌食用。

酸辣豆皮湯

味型 酸辣味　美味 ★★★　時間 30分鐘　難度 ★★

材料

豆腐皮200公克
菠菜100公克
乾黑木耳15公克
紅辣椒乾10公克
薑片15公克

調味料

醬油1大匙
白醋2大匙
胡椒粉2小匙
太白粉適量
香油1小匙
素高湯1000毫升

作法

1. 將豆腐皮泡軟，洗淨，放入沸水中汆燙一下，撈出瀝乾，切細絲。

2. 菠菜去根和老葉，洗淨，瀝淨水分，切段；木耳用溫水浸泡至發漲，取出，切絲；紅辣椒乾去蒂、去籽，切小段。

3. 熱鍋，加入植物油燒熱，放入薑片和辣椒炒香，再烹入白醋，添入素高湯，然後放入豆腐皮絲、木耳絲和菠菜段調勻。

4. 再加入醬油燒沸，撈去浮沫，以太白粉調水勾薄芡，撒上胡椒粉，淋入香油，即可起鍋上桌。

point

豆腐皮為半乾性加工性豆製品的一種，也是家庭中常見的豆製品。豆腐皮的製作方法是將經過挑選並浸泡後的黃豆（或其他豆類，如黑豆、雲豆等）以機器或手工磨製成漿汁，放入淨鍋內燒煮至沸，此時漿汁的表面凝結有一層薄膜，輕輕以長竹筷子將薄膜挑出並捋直成豆皮，將豆皮從中間黏起成雙層半圓形，再經過烘乾或曬乾即成豆腐皮。豆腐皮的皮薄透明，半圓而不破，黃色有光澤，柔軟不黏，表面光滑、色澤乳白微黃光亮，風味獨特，是高蛋白、低脂肪、不含膽固醇的營養食品。

鮮菇田園湯

| 味型 鮮鹹味 | 美味 ★★★ | 時間 30 分鐘 | 難度 ★★ |

材料

美白菇200公克
玉米筍100公克
胡蘿蔔75公克
馬鈴薯50公克
薑末10公克

調味料

鹽1小匙
醬油2小匙
植物油2大匙
素高湯750毫升

作法

1 美白菇去根,以淡鹽水浸泡並洗淨,撈出,再放入沸水鍋內汆燙一下,撈出,瀝水。

2 玉米筍洗淨,切小條;馬鈴薯、胡蘿蔔分別去皮,洗淨,均切片。

3 熱鍋,加入植物油燒至六分熱,先入薑末炒出香味,再加入素高湯燒沸。

4 然後放入美白菇、玉米筍、馬鈴薯片和胡蘿蔔片調勻,再沸後轉小火煮至熟爛。

5 加入鹽、醬油調好湯汁口味,起鍋裝碗即可。

馬鈴薯菠菜湯

材料

馬鈴薯200公克
菠菜150公克
薑塊10公克

調味料

鹽1小匙
植物油3大匙
香油少許
素高湯適量

作法

1 將馬鈴薯削去外皮,以清水洗淨,切細絲,放入清水中浸泡片刻,撈出。

2 菠菜擇洗乾淨,放入沸水鍋中汆燙一下,撈出,以冷水過涼,瀝淨水分,切小段;薑塊去皮,切細絲。

3 熱鍋,加入植物油燒至六分熱,先入薑絲炒出香味,加入馬鈴薯絲炒至變色,放入素高湯燒煮至沸。

4 再放入菠菜段,加入鹽煮至入味,淋上香油,起鍋裝碗即可上桌。

point

馬鈴薯含有大量膳食纖維,有寬腸、通便的效果,搭配富含維生素的菠菜製作成湯,有預防便祕和腸道疾病的功效。

金玉南瓜湯

味型 香甜味　美味 ★★★　時間 40分鐘　難度 ★★

材料
南瓜300公克
嫩玉米150公克
新鮮百合50公克

調味料
冰糖150公克

作法

1 將嫩玉米取玉米嫩粒,以清水洗淨,放入清水中浸泡片刻,撈出瀝乾。

2 鮮百合去除黑根,掰成小片,洗淨,放入沸水鍋內汆燙一下,撈出瀝水;南瓜去皮、去瓤,洗淨,切小塊。

3 淨鍋置火上,加入適量清水,先放入冰糖,以大火煮至冰糖溶化。

4 再放入玉米粒、南瓜塊、百合瓣,轉小火煮約30分鐘至熟香,即可起鍋裝碗。

point

金玉南瓜湯是選用富含維生素和膳食纖的南瓜、玉米、百合等熬煮而成,具有色澤觀,甜潤適口的特色。

如意鴛鴦羹

| 味型 甜香味 | 美味 ★★★ | 時間 40 分鐘 | 難度 ★★ |

🍶材料

南瓜200公克
細豆沙150公克
枸杞15公克
熟芝麻10公克

🫙調味料

冰糖5小匙
桂花蜜1大匙
太白粉適量

🍴作法

1 南瓜去掉瓜瓤,洗淨,放入盤中,再放入蒸鍋中,以大火蒸10分鐘至軟嫩,取出晾涼,去除瓜皮,放入食物調理機中,加入少許清水打成南瓜泥。

2 細豆沙放入食物調理機中,加入桂花蜜和少許清水打成蓉泥,放入鍋內,再加入冰糖熬煮至溶化,以太白粉調水勾芡,起鍋倒入大碗中成豆沙泥。

3 將加工好的南瓜泥、豆沙泥分別倒入S形容器內,南瓜泥上撒入洗淨的枸杞,豆沙泥撒上熟芝麻,上桌即可。

point

如意鴛鴦羹用富含膳食纖維的南瓜泥,搭配含有豐富蛋白質、鐵和維生素的豆沙搭配製作成湯羹,不僅成菜造型美觀,口味濃香,而且還可以補氣血,並有安定神經的功效。

銀耳雪梨羹

味型
甜香味

美味
★★★

時間
60 分鐘

難度
★★

材料

雪梨250公克
馬蹄（荸薺）100公克
乾銀耳15公克
枸杞10公克

調味料

冰糖150公克

作法

1 將銀耳泡發，去蒂，洗淨，撕成小朵；雪梨洗淨，去皮，切大塊。

2 將馬蹄去皮，洗淨，切小丁；枸杞以清水浸泡並洗淨，瀝去水分。

3 將雪梨塊、銀耳、馬蹄、冰糖放入壓力鍋中，再加入適量清水，蓋上壓力鍋蓋。

4 先以中小火煲約30分鐘至湯汁濃稠，加入洗淨的枸杞，再煲幾分鐘，取出後倒入湯碗中，即可上桌。

point

雪梨為薔薇科植物白梨、沙梨、秋子梨等栽培種的果實，搭配銀耳、馬蹄等製作成湯羹食用，有美容皮膚，清熱去火和滋陰潤肺的效果。食用時需要注意一點，銀耳、雪梨和冰糖的含糖量高，睡前不宜食用，以免血黏度增高。

蠶豆南瓜羹

味型	美味	時間	難度
香甜味	★★★	40 分鐘	★★

材料

南瓜200公克
新鮮蠶豆150公克
麵粉25公克

調味料

冰糖100公克

作法

1 南瓜削去外皮,去掉去瓤,以清水洗淨,切小方塊,放入蒸鍋中蒸8分鐘,取出。

2 新鮮蠶豆去皮,洗淨,放入清水鍋中煮約5分鐘至熟,熄火後加入素高湯調勻。

3 先把調勻的素高湯撈出一部分,把剩餘的素高湯和蠶豆放入食物調理機中,加入冰糖粉碎成綠色蠶豆漿汁,再加入撈出的素高湯調拌均勻。

4 熱鍋,加入植物油燒至六分熱,放入麵粉以小火炒香,再倒入蠶豆漿汁,轉大火不停地攪動。

5 起鍋倒入湯碗中,放入蒸好的南瓜塊,上桌即可。

香甜翡翠羹

味型	美味	時間	難度
香甜味	★★★	50分鐘	★★

材料

綠花椰菜500公克
松子75公克
西洋芹50公克
薑末5公克

調味料

鹽1/2大匙
白糖1/2大匙
太白粉3大匙
植物油適量
高湯500毫升

作法

1. 將松子洗淨，瀝乾水分，放入四分熱油鍋中炸至淺黃色，撈出瀝油。

2. 將西洋芹去除菜根，以清水洗淨，放入沸水鍋中汆燙一下，撈出，以冷水過涼，瀝淨水分，切碎粒；薑塊去皮，洗淨，切末。

3. 將花椰菜去根，以淡鹽水浸泡並洗淨，掰成小朵，放入沸水鍋中汆燙一下，撈出、瀝水。

4. 將花椰菜放入食物調理機中，加入適量清水攪打成綠色菜汁，倒入大碗中。

5. 熱鍋，加入植物油燒熱，入薑末煸炒出香味，再加入素高湯和花椰菜汁，以小火煮沸。

6. 加入鹽、白糖調味，以太白粉調水勾薄芡，起鍋盛入小盅內，撒入炸好的松子和汆燙好的西洋芹碎粒，上桌即可。

point

綠花椰菜口感脆嫩，清炒、汆燙都好吃。但烹調前的清洗工作很重要。把綠花椰菜去除葉和根，掰取花瓣後放在清水盆內，加上少許鹽浸泡5分鐘，撈出瀝去水分，再製作成菜肴。在汆燙綠花椰菜時需要注意時間不宜太長，否則失去脆感，製作而成的料理也會大打折扣。

什錦白菜湯

味型
鮮鹹味

美味
★★★

時間
20 分鐘

難度
★★

材料

白菜心400公克
油菜100公克
新鮮香菇75公克
冬筍25公克
麵粉1大匙
薑末5公克

調味料

鹽1小匙
米醋1/2大匙
香油2小匙
植物油4小匙
素高湯750毫升

作法

1 將白菜去掉菜根和老葉,取白菜嫩葉,以清水洗淨,瀝水,切長條。

2 新鮮香菇去掉菌蒂,洗淨,放入沸水鍋內汆燙一下,撈出,以冷水過涼,瀝水,切小塊;冬筍去根、去皮,洗淨,切小片;油菜洗淨,摘成一片片。

3 熱鍋,加入植物油燒至四分熱,放入麵粉炒散至變色,再入薑末熗出香味,加入素高湯燒煮至沸。

4 放入香菇塊、油菜、冬筍片、白菜心、鹽、米醋,以中火煮約5分鐘,淋上香油,起鍋裝碗即可。

point

在烹調大白菜時,適當放點米醋,無論從味道,還是從保護營養成分來講,都是必要的。米醋可以使大白菜中的鈣、磷、鐵元素分解出來,從而有利於人體吸收。白醋還可使大白菜中的蛋白質凝固,不致外溢而損失。

Part 4 風味
粥飯・麵點

桃仁酥又稱核桃酥、核桃糕等,是中國著名的風味小吃。桃仁酥金黃鮮豔,大小均勻,外形完整,面呈裂紋,入口香鬆。桃仁酥在台灣、中國北方和南方均有出產,不同產地出產的桃仁酥口味有所不同,其中以北京、雲南、台灣出產的桃仁酥最為有名。

桃仁酥是用烘烤的方法加工成熟,而烘烤時間要依據桃仁酥生坯的大小和厚度自行掌握。在烘烤中間可以取出桃仁酥檢查一下,如果底面上色比上面快,就把烤盤往上移一格繼續烤至兩面都均勻上色。

桃仁酥

味型	美味	時間	難度
香甜味	★★★	50 分鐘	★★

材料

麵粉400公克
核桃仁150公克
松子75公克
瓜子仁50公克
芝麻25公克

調味料

白糖150公克
植物油4大匙
蘇打粉1小匙

作法

1 將白糖放入大碗中,先加入植物油攪拌均勻,再放入過篩的麵粉和蘇打粉調勻。

2 然後加入少許清水拌勻,再加入瓜子仁、松子、芝麻和少許壓碎的核桃仁,慢慢攪拌均勻,製成麵團。

3 將麵團每25公克切成一塊,先滾成圓球,中間按上1個核桃仁,依次作好成桃仁酥生坯,再把生坯放在烤盤上。

4 將烤箱預熱150℃,放入製作好的桃仁酥生坯,以上下火烤約20分鐘,取出裝盤,即可上桌食用。

翡翠巧克力包

味型 甜香味	美味 ★★★	時間 90 分鐘	難度 ★★

材料

麵粉400公克
菠菜250公克
柳丁皮15公克

調味料

酵母粉1小匙
巧克力塊150公克
植物油2大匙

作法

1. 鍋置火上,加入植物油燒熱,再放入少許麵粉、切碎的巧克力塊炒勻,加入清水炒至黏稠,起鍋倒入碗中,晾涼成餡。

2. 柳丁皮洗淨,切細絲;酵母粉放入碗中,加入溫水泡10分鐘;菠菜洗淨,放入食物調理機中,加入清水攪打成泥。

4. 麵粉放入小盆中,加入橙皮絲、菠菜泥和酵母粉水和好揉勻,放入室溫靜置30分鐘發酵成麵團。

5. 將發好的麵團揉勻,搓條後切成一個個小麵團,擀成薄皮,包入餡,放入蒸鍋中,再次發酵20分鐘。

6. 蒸鍋置火上,加入適量清水,放入巧克力包燒沸,轉中火蒸約20分鐘,取出裝盤即可。

point

巧克力不宜放在冰箱中保存。因為巧克力放入冰箱中冷藏後,一旦取出,在室溫條件下即會在其表面結出一層白霜,極易發黴、變質,失去巧克力的原味。
菠菜是製作綠色粉團經常用到的食材之一,加工菠菜時也可以把洗淨的菠菜剁碎,加入鹽拌勻後醃漬出綠色的菠菜汁即成。

蘋果麥片粥

材料
蘋果200公克、燕麥片50公克、胡蘿蔔25公克

調味料
白糖2大匙

作法

1 蘋果削去外皮及果核，以清水浸泡以防變色，撈出瀝水，刨絲成絲。

2 胡蘿蔔去根，削去外皮，以清水洗淨，瀝淨水分，切細絲。

3 將燕麥片和胡蘿蔔絲放入淨鍋中，加入適量清水，先以大火煮沸。

4 再放入蘋果絲攪勻，轉小火煮至熟爛，加入白糖調勻，起鍋裝碗即成。

味型 香甜味	美味 ★★★	時間 20分鐘	難度 ★★

point
蘋果含有較多的維生素B_6，燕麥片提供血清素，兩者搭配食用，不僅可以提高血清素的含量，也可以改善睡眠。

五彩玉米飯

材料
糯米150公克、玉米粒100公克
黑米25公克、小米25公克
綠豆25公克、紅豆25公克

調味料
白糖 3 大匙

作法

1 將玉米粒、糯米、黑米、小米、綠豆、紅豆分別淘洗乾淨。

2 玉米、綠豆、紅豆放入清水中浸泡10小時；糯米、黑米浸泡6小時；小米浸泡1小時。

3 將泡好的玉米、綠豆、紅豆、黑米、小米、綠豆、糯米和適量清水放入電鍋中。

4 蓋緊鍋蓋，定時60分鐘，打開電源開關，見開關跳起後5分鐘，再次定時15分鐘。

5 然後打開電源開關，待米飯燜好後，起鍋盛入碗中，食用時加入白糖拌勻即可。

味型 香甜味	美味 ★★★	時間 12 小時	難度 ★★

point
五彩玉米飯採用多種顏色的五穀、雜糧等燜製成飯食用，可以平衡營養，補充體力，強壯體魄。

栗蓉愛窩窩

味型 香甜味	美味 ★★★	時間 30分鐘	難度 ★★

材料
栗子400公克
糯米飯250公克
山楂糕條30公克
黑芝麻15公克

調味料
白糖150公克
椰子粉100公克
植物油2大匙

作法

1. 栗子去殼、去皮膜，洗淨，放入清水鍋中煮熟，撈出瀝水，再放入食物調理機中，加入適量清水攪打成栗子泥。

2. 熱鍋，加入植物油，倒入栗子泥慢慢燒熱，攪炒均勻，再加入白糖攪炒至黏稠狀，倒入盤中晾涼。

3. 將揉好的糯米分成8塊，按扁成皮，包入栗子泥捏成球狀，再放入椰子粉中滾黏均勻，擺入盤中，放上山楂糕條和黑芝麻即可。

point

栗子的營養保健價值雖然很高，但也要食用得法。最好在兩餐之間把栗子當成零食，或成正餐，而不要飯後大量食用。這是因為栗子含澱粉較多，飯後吃容易攝入過多的熱量，不利於保持體重。

馬蹄糕

味型
香甜味

美味
★★★

時間
4 小時

難度
★★

材料

馬蹄（荸薺）250公克
綠豆粉150公克
葡萄乾25公克

調味料

白糖1大匙
香油1小匙
植物油2大匙

作法

1 馬蹄去皮，洗淨，切薄片；綠豆粉加入適量清水攪勻，靜置20分鐘。

2 鍋置火上，加入半鍋清水燒沸，淋入綠豆粉並不停地攪動，以小火熬至濃稠狀時，放入馬蹄片和白糖攪拌成糊狀。

3 起鍋倒入抹有香油的容器中，晾涼後取出，切長方塊成馬蹄糕。

4 平底鍋置火上，加入植物油燒熱，放入馬蹄糕塊，以大火煎至兩面呈淡黃色時，起鍋裝盤，撒上洗淨的葡萄乾即可。

馬蹄糕是中國南方地區常見的風味小吃，其製作方法有很多，材料上可以直接使用馬蹄粉替代部分馬蹄和綠豆粉。馬蹄粉又稱馬蹄澱粉，成顆粒狀，目前也有細粉狀產品，主要用於添加於食材內，以改善其口感。

驢打滾是北京傳統風味小吃，是以黃米夾餡卷成的長卷，因卷下鋪黃豆粉，吃時將長卷滾上豆粉，樣子頗似驢兒打滾，因此得名。傳統的驢打滾材料有黃豆粉、白糖、香油、桂花、青紅絲和瓜仁等，而南瓜驢打滾使用南瓜、糯米粉為主料而成，有色澤黃色，豆香餡甜，入口綿軟的特色。

南瓜驢打滾

味型	美味	時間	難度
甜香味	★★★	60分鐘	★★

材料

南瓜300公克
糯米粉250公克
豆沙餡200公克
黃豆粉150公克

調味料

白糖5小匙
植物油4大匙

作法

1. 南瓜去蒂、去瓤，洗淨，切大塊，放入蒸鍋中，以大火蒸熟，取出晾涼，去外皮，放入容器中壓成南瓜泥。

2. 南瓜泥放入食物調理機中，加入白糖、適量清水和少許植物油攪拌成南瓜醬，放入容器內，再加入糯米粉攪拌均勻，靜置3分鐘。

3. 蒸鍋置火上，加入適量清水燒沸，放入糯米南瓜醬，以大火蒸約30分鐘至熟香，起鍋並晾涼成南瓜糯米團。

4. 熱鍋，放入黃豆粉焗炒幾分鐘，待黃豆粉呈棕黃色時取出。

5. 將南瓜糯米團黏上黃豆粉，放在砧板上壓平，再抹上一層豆沙餡，卷成卷，切小段，裝盤即可。

茶香鬆餅

味型 茶香味　美味 ★★★　時間 40分鐘　難度 ★★

材料

玉米粉250公克
麵粉150公克
茶葉15公克

調味料

蘇打粉1/2小匙
白糖1大匙
植物油少許

point

玉米粉加水調稀,再經過加熱後,會變成透明的黏稠狀,所以在製作菜肴時常被拿來勾芡。一來可使菜肴的湯汁更加濃稠、也可使烹調好的菜肴呈現亮麗的光澤。雖然澱粉、地瓜粉等也有同樣的作用,但玉米粉可使菜肴的濃稠度維持在較穩定的狀態,風味也比較獨特。
茶香鬆餅色澤金黃,製作簡單,吃起來外脆內軟,不僅帶有淡淡的玉米清香和甘甜,而且還有茶香。製作時注意調好的玉米粉糊稀稠要適度,調好後要靜置幾分鐘,這樣成品才會口感鬆軟。

作法

1. 將玉米粉放入乾淨容器內,加入適量的溫水調勻成稀糊,靜置10分鐘。

2. 將麵粉過篩,放入小盆中,加入蘇打粉、植物油調勻,靜置10分鐘。

3. 將茶葉放入茶杯中,加入適量的沸水浸泡片刻,瀝去茶水,只留取茶葉。

4. 將麵粉糊和玉米粉糊放在一起,加入白糖調拌均勻成玉米麵粉濃糊,稍放置幾分鐘。

5. 平底鍋置火上燒熱,刷上少許植物油,舀入少許玉米麵粉濃糊,撒上少許泡好的茶葉。

6. 以中小火煎至玉米麵粉濃糊定型並呈小餅狀,翻面,將玉米餅兩面煎呈金黃色時,取出,待全部完成後起鍋,裝盤上桌即成。

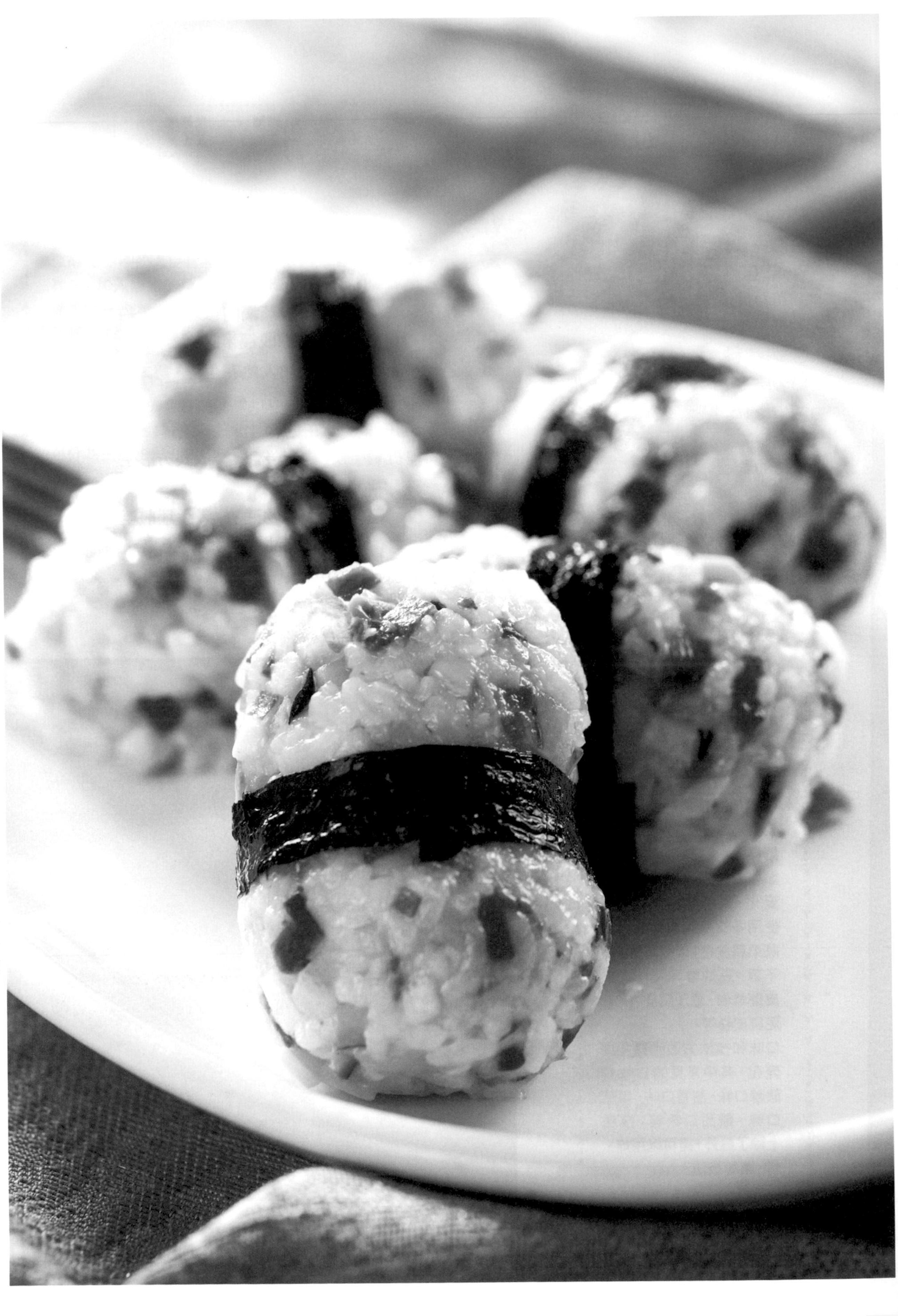

時蔬飯團

味型 鮮鹹味　美味 ★★★　時間 2小時　難度 ★★

材料

白米200公克、胡蘿蔔150公克
新鮮香菇125公克、冬筍100公克
芹菜85公克、醃小黃瓜75公克
煮花生米50公克、熟芝麻25公克
海苔少許

調味料

鹽1/2大匙、胡椒粉1/2小匙
香油1小匙、植物油適量

作法

1. 將白米淘洗乾淨，放入大碗內，加入適量清水（白米和清水的比例為1：1.2），再把裝白米的碗放入蒸鍋內，蓋上蒸鍋蓋，以大火蒸20分鐘，取出成白米飯。

2. 鮮香菇去蒂，洗淨，切小丁；冬筍、胡蘿蔔分別去根、去皮，洗淨，均切小丁。

3. 芹菜擇洗乾淨，切小粒；醃黃瓜以清水浸泡並洗淨，切小丁。

4. 淨鍋置火上，加入清水燒沸，倒入香菇丁、冬筍丁、胡蘿蔔丁、芹菜丁汆燙一下，撈出瀝水。

5. 熱鍋，加入植物油燒至七分熱，先入香菇丁、冬筍丁、胡蘿蔔丁、芹菜粒煸炒片刻。

6. 再加入鹽、胡椒粉翻炒均勻，熄火後放入煮花生米、白米飯拌均勻。

7. 然後放入醃黃瓜丁，淋入香油，撒上熟芝麻拌勻，團成飯團，以海苔包好，裝盤後即可上桌。

point

海苔比較脆，操作時要注意別碰破了，包住飯團過一會，海苔吸收其中的水分，就會變得軟而韌，不易破而且能起到固定飯團的作用。

作飯團的米飯要稍微硬一些，太軟的米飯很黏，不易整形。由於米飯有黏性，整形時最好戴上一次性塑膠手套有利於操作也衛生。

＼ 米飯小百科 ／

在淘乾淨的白米中加上少許鹽和植物油拌勻，再加水蒸煮，這樣作出的米飯軟糯清香，富有光澤。如果使用陳米蒸飯，需要把陳米淘洗乾淨，以清水浸泡2小時，撈出瀝乾後再放入鍋中內，加適量的熱水和植物油攪拌均勻，以大火煮沸後改以小火燜製，味道與新米一樣新鮮。

Vegetarian food

143

雜糧包

味型　鮮鹹味　美味　★★★　時間　90 分鐘　難度　★★

材料

麵粉300公克
黃豆粉250公克
白豆粉200公克
青菜150公克
粉絲25公克
薑末25公克

調味料

酵母粉少許
鹽2小匙
胡椒粉1/2小匙
香油1大匙
植物油適量

作法

1 將麵粉、黃豆粉、白豆粉過細篩，放在容器內拌均勻，先加入酵母粉拌勻，再倒入適量的溫水，反覆揉搓均勻成麵團，再切成一個個小麵團，擀成圓皮。

2 青菜去根，洗淨，切碎粒；粉絲以溫水浸泡至發漲，取出，切碎。

3 熱鍋，放入植物油燒熱，入青菜炒至熟，起鍋晾涼，加上粉絲、薑末、鹽、胡椒粉、香油拌勻成餡料。

4 以雜糧麵皮包裹好餡料，製作成雜糧包生坯，先放置30分鐘，再入蒸鍋，以中火蒸10分鐘至熟，取出即可。

point

雜糧的概念是相對於白米、玉米、小麥等糧食作物而言的，雜糧主要包括蕎麥、燕麥、綠豆、紅豆、豌豆、蠶豆、雲豆、豇豆、小扁豆、黑豆等。雜糧包是用雜糧搭配麵粉製作而成，具有營養豐富、容易消化的特點，尤其適合中老年人食用。

葉兒粑

🍶材料

糯米粉400公克
米粉200公克
豆芽菜150公克
鮮香菇100公克
麵粉75公克
芝麻50公克
芭蕉葉適量

📦 調味料

鹽2小匙
白糖5大匙
醬油1大匙
香油2小匙

🍴作法

1 芝麻洗淨,放入燒熱的淨鍋內炒出香味,起鍋晾涼,壓成粉,加上白糖和麵粉製成甜味餡料。

2 豆芽菜、新鮮香菇擇洗乾淨,瀝水,切碎末,放入燒熱的鍋內焗炒至熟,起鍋晾涼,加上鹽、醬油、香油拌成鹹味餡料。

3 糯米粉、米粉過細篩,放在容器內,加上適量溫水揉搓均勻成粉團。

4 將粉團製成小圓形,分別包上甜、鹹餡料,做成重約50公克的扁而長的坯子,再裹上芭蕉葉成生坯。

5 將加工好的生坯放入蒸籠內,以大火蒸至熟,取出,即可裝盤上桌。

point

葉兒粑為四川著名小吃,因以芭蕉葉包上蒸製而得名。成都所產的葉兒粑又叫艾饃,原是川西農家清明節的傳統食品,後經過改進後更名為葉兒粑。葉兒粑具有色澤美觀,軟硬適度,滋潤爽口,清鮮香甜等特色,深受大眾喜歡。

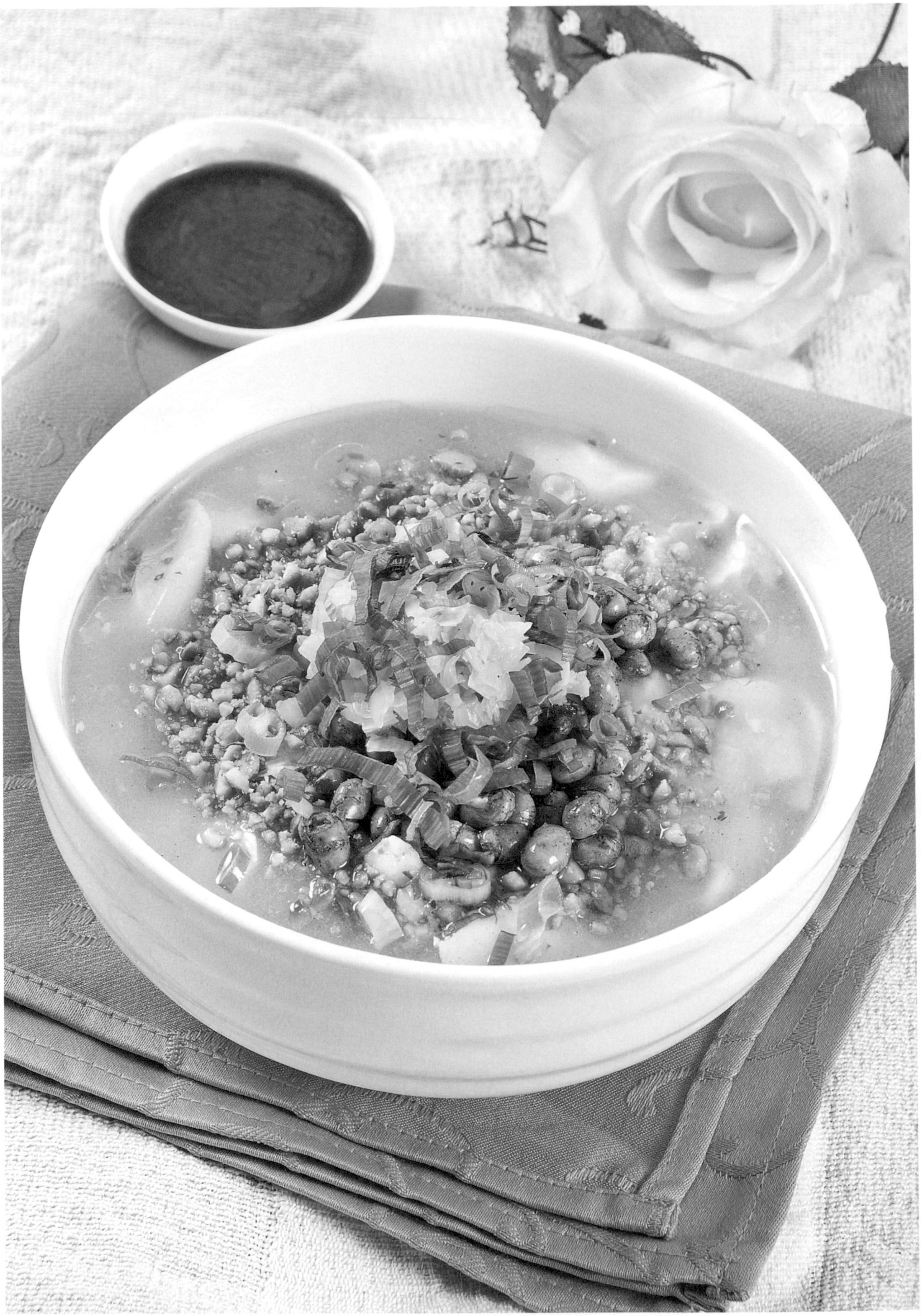

四川豆花麵

材料

中筋麵粉200公克、豆花150公克
地瓜粉50公克、花生米25公克
油酥黃豆15公克、醃大頭菜少許
薑塊10公克

調味料

鹽少許、花椒粉1小匙
醬油2大匙、紅辣椒油2小匙
芝麻醬4小匙、植物油適量

point

豆花是四川地區風味食品,是用煮好的黃豆漿汁,加上少許的凝固劑,稍等幾分鐘至凝固而成。豆花與中國北方的豆腐腦有些近似,只是豆腐腦一般使用鹽滷凝固,而豆腐花多使用石膏加以凝固。豆腐和豆花的主要區別是豆腐凝固後需要進行壓榨以排除部分水分,而豆花不需要壓榨,所以口感上要嫩很多。

作法

1. 中筋麵粉放入小盆內,加上少許鹽調勻,再加入適量清水揉搓均勻成麵團,稍靜置。

2. 將麵團擀製成大薄片,折疊成長條形,用刀直切寬窄合適的細麵條。

3. 將地瓜粉放入大碗中,加入清水50毫升泡透,再攪勻成地瓜粉汁。

4. 將芝麻醬放入小碟內,先加入醬油調散,再加入花椒粉、紅辣椒油調勻成麻醬汁。

5. 洗淨醃大頭菜,瀝淨水分,放入沸水鍋內汆燙一下,撈出過涼,瀝乾水分,切黃豆大小的粒。

6. 將花生米放入溫油鍋內炸至酥香,撈出晾涼、去皮,壓成碎粒;薑塊去皮,洗淨,切末。

7. 淨鍋置火上,加入適量清水,以中火燒沸,慢慢倒入地瓜粉汁。

8. 一邊倒粉汁一邊以手勺輕輕攪勻成濃汁,再舀入豆花燒沸,轉微火保溫。

9. 淨鍋置火上,加入適量的清水和少許鹽燒沸,入麵條煮熟,撈出麵條。

10. 將熟麵條裝入麵碗中,舀上保溫的豆花,撒上酥花生米、香酥黃豆、大頭菜粒、薑末,再與麻醬汁一起上桌即成。

包覆玉米的外葉容易積存農藥，所以在煮玉米前需要把玉米外葉去掉，只留裡面的葉子，再放入清水中充分清洗乾淨，以便將殘留的農藥去除。

煮玉米時可加入少許食用鹼，這是為了分解玉米中的煙酸。煙酸有預防皮膚病的作用，但玉米中的煙酸不易被人體吸收，加鹼就可把煙酸分解成能夠被人體吸收的成分了。

玉米烙

味型 香甜味	美味 ★★★	時間 60分鐘	難度 ★★

🍶材料

嫩玉米400公克
椰絲50公克
太白粉2大匙
起士粉4小匙
糯米粉1大匙

🫙調味料

白糖2大匙
植物油1000毫升（約耗50毫升）

🍴作法

1　將玉米剝去外層的葉子，放入清水中洗淨，再放入鍋內，加入適量的清水燒沸，以大火煮熟，撈出玉米，晾涼，取玉米粒。

2　將玉米粒瀝淨水分，放在容器內，加入起士粉、太白粉、糯米粉拌勻成糊狀，再加入椰絲調勻。

3　熱鍋，加入少許植物油燒熱，放入玉米粒攤成大圓餅，再轉小火烙至起硬殼時，取出。

4　熱鍋，加入植物油燒至七分熱，放入玉米餅炸至金黃酥脆，撈出瀝油，切三角形，放入裝有墊盤紙的盤中，撒上白糖，即可上桌。

茶香芝麻餅

味型 甜香味	美味 ★★★	時間 40分鐘	難度 ★★

材料
中筋麵粉500公克
白芝麻100公克

調味料
乾酵母25公克
鹽2小匙
花椒粉1小匙
孜然粉少許
綠茶10公克
糖漿2大匙
芝麻醬1大匙

作法

1 將芝麻洗淨，晾乾，放入燒熱的淨鍋內煸炒至熟香，取出晾涼；糖漿放入小碗內，加上少許清水調勻成糖漿水；綠茶放入茶杯中，加入適量沸水沖開，晾涼。

2 將乾酵母粉、麵粉放在砧板上，加入沖好的綠茶水及過量清水揉搓均勻，製成綠茶麵團。

3 在綠茶麵團上均勻地塗沫上少許植物油，蓋上濕布，靜置發酵10分鐘。

4 待麵團軟發，擀成麵皮，抹上芝麻醬，撒上鹽、花椒粉、孜然，捲成卷，再切成小片，製成燒餅生坯。

5 在燒餅生坯表面抹上糖漿水，蘸上一層熟芝麻並輕輕壓實，放入平底鍋中煎烙至熟即成。

---

point
糍粑比較軟，蒸好後比較黏，容易黏在蒸盤上，家可在放進蒸鍋前，蒸盤上一層薄油，就可以輕取出蒸好的糍粑。

材料
糯米粉300公克
豆沙餡200公克
黃豆100公克

調味料
紅糖 200 公克

---

point
烙好的茶香芝麻餅冷熱皆可食用。熱食香酥味美、口感筋道，晾涼後可作乾糧，酥脆可口，還能長期保存。我們常常發現，有時候製作芝麻餅時，芝麻常常脫落。因此本品在餅胚的一面抹上糖漿水，然後將餅胚扣在芝麻裡面，輕輕壓一下，保證芝麻黏牢不脫落，而且口味也香甜。

棗泥米

材料
糯米粉300公克
棗泥餡300公克
熟糯米粉150公克
麵粉50公克

調味料
白糖3大匙
紅色果醬4小匙

point

雲豆的顏色有多種，其中最常見的為白雲豆。雲豆營養豐富，蛋白質、鈣、鐵、B群維生素等含量都很高。常食雲豆，可加速肌膚新陳代謝，緩解皮膚，頭髮的乾燥。雲豆中的皂甙類物質能促進脂肪代謝，是減肥者的理想食品之一。

雲豆卷

味型 甜香味	美味 ★★★	時間 4 小時	難度 ★★

材料
雲豆500公克
豆沙餡250公克
京糕條（山楂糕）200公克
熟白芝麻適量

調味料
白糖2大匙

作法

1 將雲豆去掉雜質，放入清水中浸泡至發漲，取出去皮，漂洗乾淨，再放入清水鍋中，以中小火煮20分鐘，撈出，再放入蒸鍋中蒸20分鐘。

2 取出雲豆，放入碗中，搓成雲豆泥，然後放入容器中揉搓均勻。

3 取保鮮膜鋪平，放入適量雲豆泥按壓成長方形，兩邊放上京糕條，再撒上熟白芝麻和白糖，從兩側向中間對捲成卷，切小塊，裝入盤中一側。

4 另取雲豆泥壓扁，放上豆沙餡，撒上白芝麻、白糖，捲成卷，切小塊，裝入盤中另一側即可。

綠色的麵條，搭配紅色的
胡蘿蔔、白色的菜心和香
辣的味汁拌製而成的翡翠
菜心兩麵是夏季常見的風
味小吃，其不僅色澤美觀，
而且有促進食慾的效果。

翡翠菜心涼麵

味型 香辣味	美味 ★★★	時間 30 分鐘	難度 ★★

材料

中筋麵粉250公克
菠菜150公克
白菜心125公克
熟芝麻50公克
胡蘿蔔絲25公克

調味料

鹽4小匙
白糖1大匙
豆瓣醬2大匙
醬油5小匙
米醋3大匙
芝麻醬2大匙
香油1小匙

作法

1 菠菜去根，洗淨，放入沸水鍋中汆燙一下，撈出過涼，瀝去水分，加入少許鹽攪打成菠菜泥；白菜心洗淨，瀝去水分，切細絲。

2 將麵粉放入容器中，慢慢倒入菠菜泥，和勻成較硬的麵團，稍放置後擀成麵片，切細麵條。

3 鍋置火上，加入香油燒熱，倒入豆瓣醬煸炒至熟，起鍋盛入碗中，加入芝麻醬、醬油、米醋、白糖、鹽和熟芝麻調拌均勻成醬汁。

4 鍋中加入清水燒沸，入麵條煮熟，撈出以冷水過涼，瀝去水分，放入碗中，加入白菜絲、胡蘿蔔絲，與醬汁一起上桌即可。

怪味涼拌麵

味型 怪味　美味 ★★★　時間 20 分鐘　難度 ★★

材料

細麵（掛麵）400公克
薑塊15公克

調味料

花椒粉少許
白糖1小匙
生抽2小匙
辣椒油1大匙
芝麻醬2大匙
香醋4小匙
植物油3大匙

作法

1 薑塊去皮，洗淨，切碎末；熱鍋，加入植物油燒熱，入薑末和花椒粉炒香出味，盛出晾涼。

2 芝麻醬放在大碗內，先加入少許涼開水調開，倒入炒好的花椒粉，再加入香醋、生抽、白糖、辣椒油調拌均勻成「怪味汁」。

3 鍋置火上，加入適量清水燒沸，入細麵煮約8分鐘至熟，撈出細麵，以冷水浸涼，瀝乾水分，裝入麵碗中。

4 將調拌好的「怪味汁」澆在麵條上，再淋上少許燒熱的辣椒油，即可上桌。

point

怪味是四川菜中比較獨特的味型，是以川鹽、醬油、花椒粉、白糖、薑末、辣椒油、香油等多種調味料調製而成。此味汁集眾味與一體，鮮甜麻辣酸香鹹並重，故以怪味名之。
怪味汁的使用比較廣泛，除了本菜介紹的用於拌製麵條外，還可以製作成各種美味的涼菜，如「怪味花生」、「怪味桃仁」等。
如果是冬季食用怪味麵，可以把怪味汁使用的調味料全部放入鍋內煸炒至濃稠，起鍋直接倒在煮熟的麵條上拌製。

風味綠豆粥

材料

西瓜150公克、水蜜桃100公克
綠豆75公克、乾銀耳10公克

調味料

冰糖3大匙

作法

1. 綠豆洗淨，放入清水中浸泡4小時，撈出瀝水，放入淨鍋內焗炒幾分鐘，起鍋。

2. 銀耳以冷水浸泡回軟，洗淨，撕小塊；西瓜去皮及籽，取西瓜淨瓜瓤，切小塊；蜜桃去掉外皮和果核，果肉切小瓣。

3. 鍋中加入清水燒沸，倒入綠豆調勻，再沸後轉小火煮40分鐘，再入銀耳塊及冰糖攪勻，煮約20分鐘，再放入西瓜塊和蜜桃瓣，續煮3分鐘，熄火自然冷卻。

味型 香甜味	美味 ★★★	時間 6小時	難度 ★★

point

煮綠豆粥時，將綠豆先放入鍋中翻炒幾分鐘，然後再煮製成粥，較快煮爛。

蘑菇燕麥粥

材料

新鮮蘑菇150公克、燕麥片100公克
油菜50公克、薑塊10公克

調味料

鹽 1 小匙、胡椒粉 1/2 小匙、植物油 1 大匙
素高湯 750 毫升

作法

1. 新鮮蘑菇去蒂，洗淨，撕成小條，放入沸水鍋內焯燙一下，撈出，以冷水過涼；油菜去根和老葉，選取嫩油菜心，以清水洗淨，瀝水；薑塊去皮，切小片。

2. 熱鍋，加入植物油燒至六分熱，先入薑片焗炒出香味，再放入蘑菇條焗炒片刻，然後倒入素高湯燒沸，轉小火煮約5分鐘，加入鹽調味。

3. 再撒入燕麥片煮2分鐘，放入油菜心略煮，撒入胡椒粉，起鍋裝碗即可。

味型 鮮鹹味	美味 ★★★	時間 25分鐘	難度 ★★

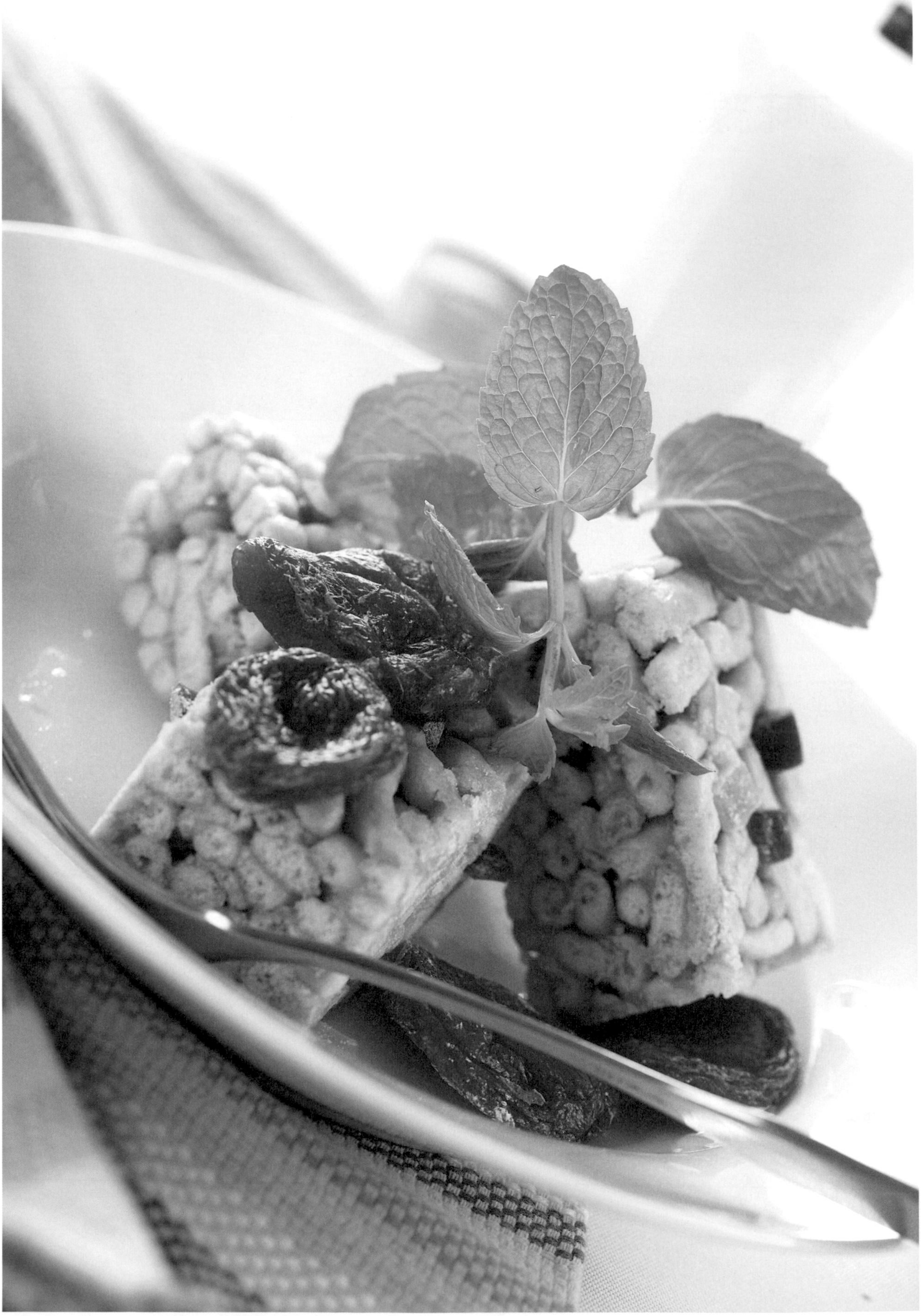

果乾酥條

味型	美味	時間	難度
香甜味	★★★	60 分鐘	★★

材料

麵粉300公克、果乾100公克
芝麻50公克、綠茶10公克
枸杞少許、玉米粉適量

調味料

蘇打粉少許、細砂糖4大匙
麥芽糖2大匙、植物油適量

point

添加蘇打粉可使成品的口感
更酥軟蓬鬆，如果不想添加
也沒有關係，可以1/2小匙的
泡打粉代替或乾脆不放。若
不放，坯條炸的時候不會那
麼膨鬆。

以花生油作為炸油，作出的
成品口感比較香。沒有花
生油，也可以其他植物油替
代。

糖漿熬煮的程度決定了成品
的狀態。糖漿熬煮得不夠，
做好的成品馬會很黏手且不
易成型，糖漿熬煮的時間過
長，成品太硬且不夠酥軟，因
此一定要把握好。

作法

1 綠茶放入茶杯中，倒入適量清水浸泡成綠茶水，去掉茶葉，留淨茶水。

2 果乾切小粒；枸杞洗淨，瀝水；芝麻放入淨鍋內炒熟，起鍋晾涼，與枸杞一起放入抹少許植物油的容器內。

3 麵粉放入小盆內，加入蘇打粉拌勻，再倒入茶水，揉搓均勻成濕潤的麵團。

4 在麵團表麵拍上少許的玉米粉，使麵團不黏手，蓋上濕布後靜置20分鐘。

5 將玉米粉放在砧板上，再把麵團放在上面，先擀成厚約0.2公分的大麵片，再切細麵條。

6 將大麵片裁成若干小麵片，再將小麵片切細條，再撒上一些玉米粉以防止黏連。

7 熱鍋，加入植物油燒至七分熱，把麵條分次倒入油鍋內炸至淺黃色，撈出瀝油。

8 鍋中留底油燒至六分熱，加入細砂糖、麥芽糖和少許清水稍炒，以小火炒至砂糖溶解並出現泡沫。

9 熄火，倒入炸好的坯條，趁熱快速拌勻，儘量使每一根坯條都蘸到糖漿，再加入果乾調勻。

10 起鍋倒在盛有芝麻的容器內，直接以手壓實，晾涼後取出，切小塊即可。

Vegetarian food

159

國家圖書館出版品預行編目資料

天天吃・好素料理138道：你家廚房素飄香！名師出菜譜，
教你輕鬆出好菜，天天換著吃，變著吃！/ 戚明春編著.
-- 初版. -- 新北市：養沛文化館出版：雅書堂文化發行,
2014.03印刷
　　面；　公分. --（自然食趣；15）
　ISBN 978-986-6247-94-1（平裝）

1.素食食譜
427.31　　　　　　　　　　　　　　　　103002381

自然食趣 15

天天吃・好素料理138道

你家廚房素飄香！名師出菜譜，教你輕鬆出好菜，天天換著吃，變著吃！

作　　　者／戚明春
發 行 人／詹慶和
總 編 輯／蔡麗玲
執行編輯／林昱彤
編　　　輯／蔡毓玲・劉蕙寧・詹凱雲・黃璟安・陳姿伶
執行美術／陳麗娜
美術編輯／周盈汝・李盈儀
出 版 者／養沛文化館
發 行 者／雅書堂文化事業有限公司
郵政劃撥帳號／18225950
戶　　　名／雅書堂文化事業有限公司
地　　　址／新北市板橋區板新路206號3樓
電　　　話／(02)8952-4078
傳　　　真／(02)8952-4084
網　　　址／www.elegantbooks.com.tw
電子郵件／elegant.books@msa.hinet.net

2014年03月初版一刷　定價／350元

總經銷／朝日文化事業有限公司
進退貨地址／新北市中和區橋安街15巷1樓7樓
電話／（02）2249-7714　傳真／（02）2249-8715
星馬地區總代理：諾文文化事業私人有限公司
新加坡／Novum Organum Publishing House (Pte) Ltd.
20 Old Toh Tuck Road, Singapore 597655.
TEL：65-6462-6141　FAX：65-6469-4043
馬來西亞／Novum Organum Publishing House (M) Sdn. Bhd.
No. 8, Jalan 7/118B, Desa Tun Razak, 56000 Kuala Lumpur, Malaysia
TEL：603-9179-6333　FAX：603-9179-6060

※本書通過四川一覽文化傳播廣告有限公司代理經吉林科學技術出版社授權出版

Vegetarian food

Vegetarian food